U0365534

买一盆心爱的植物，
放在阳台上，
开始我们的阳台园艺之旅吧！

NHK 趣味园艺

阳台花园
达人妙技

日本 NHK 出版　编
[日] 田中哲　审
袁　蒙　译

前言

在阳台上观望天气，晾晒衣服，
或是看看种植的花花草草，给它们浇浇水。
当植物成为生活的一部分，
我们也会更加敏锐地感知季节的变化，
欣赏自己亲手栽培的植物也变得充满乐趣。

根据所处环境不同，
阳台的光线和空间也是有差异的。
也许有一些植物的生长不尽人意，
不要气馁，在一次次的尝试后，
慢慢就会把握季节的特点与植物的特性，
找到适合自己栽培的植物。

本书介绍了植物的基本知识，及在阳台栽培植物的技巧。
一起来种植花花草草，享受充满生机的阳台吧！

THE CINDER CONE
HUNTINGTON

目录

在阳台栽培植物前需要学习的知识

SOLSO FARM 设计的绿色阳台

阳台园艺植物指南

阳台园艺基础

阳台园艺的第一步，了解阳台

您是否思考过这个问题：对于植物来说，阳台是一个怎样的空间？虽然阳台有着明亮的日照，也通风，感觉似乎和户外差不多，但大多数阳台被屋顶和墙壁包围，其实没有自上而下的直射阳光，同时光照角度和时间也非常有限。有的阳台安装了围栏，有的则是围墙，因此通风程度也有很大差异。了解阳台，是阳台园艺的第一步，不妨观察一下自家的阳台吧。即便是日照不佳、通风不畅的阳台，也一样可以种植植物。让我们一起在自家的阳台上种植各种植物吧！

自家阳台 check point

了解自家阳台，首先要确认以下事项。虽然很多方面我们看似很了解，但再次确认阳台情况，有助于我们在脑海中规划植物摆放的位置。

日照与通风	■ 阳台的朝向（方位）	● 南～东南／南～西南 ● 朝东 ● 北～东北／北～西北 ● 朝西
	■ 阳台屋顶的长度（正上方是否有阳光射入）	
	■ 日照时间（阳光射入阳台的时间）有多长	● 夏 ● 冬
	■ 阳光射入范围有多大	
	■ 是否通风良好	
阳台的结构	■ 阳台的空间	● 长 ● 宽 ● 高
	■ 围子的材质	● 墙壁 ● 栅栏扶手 ●半透明亚克力、强化玻璃
	■ 高度	● 低楼层 ● 高楼层
	■ 是否有空调室外机及其位置	
	■ 晾晒衣物的位置及其他障碍物	

→ 有关阳台使用的注意事项请参考第 65 页

阳台上的植物一般都是盆栽，与庭栽有所不同

对于植物来说，盆栽与庭栽的环境有着很大区别。虽然种植在土中，让人感觉就是生长在“自然”里，但其实花盆土壤含量有限，与真正的自然环境大相径庭。同时，盆栽土壤中的水分和营养会渐渐流失，因此，在种植时需要特别注意补给水分和营养。

花盆是根的“家”，
也决定着植物是否能够茁壮成长

想要让植物茁壮成长，根部的健康最为关键。盆栽植物时，要根据植物特性选择合适的花盆和土。植物的根部需要空气、水分和适量的肥料，因此需要为其精心挑选具有较好排水性、保水性、保肥性的洁净土壤，这也是植物生长的开始。在干燥、潮湿、不洁净、性能不良的土壤中，植物很难健康生长。

→ 详情请参考第 50 页

阳台的环境其实并不理想

阳台的环境其实与植物生长的自然环境有着很大差异。了解这些差异，才能找到相应的改善措施。阳台环境的主要问题在于夏季高温（特别是夜里气温依旧居高不下）、干燥、日照不足、水分不足等。植物健康生长的最佳昼夜温差为 10℃，在热带地区，植物在夏季的夜晚也会进行自我消耗，因此需要格外用心，才能保证植物健康生长。

→ 详情请参考第 58 页

盆栽有盆栽的好处

与庭栽植物相比，盆栽植物可以轻松移动。如果盆栽植物放在某处时，日照不佳，或是淋雨，可以变换位置，同时观察植物生长状况。另外，根据个人喜好，也可以改变盆栽搭配，或是换一种植物种植。因为花盆空间有限，根部生长受限，因此也抑制了植株整体的生长，使其不会长得过大，日常养护也方便。

阳台与太阳、阳台与风

太阳

太阳东升西落。一天中，阳光不断变化；随着季节更迭，阳光照射的角度也各不相同。夏季，太阳会移动到较高的位置，带屋顶的朝南阳台反而无法受到阳光的照射；冬天，太阳位置变低，阳光则可以照射到阳台深处。此外，居住环境不同，日照条件也会存在差异。例如，如果是低楼层的阳台，即使朝南，也不容易受到阳光照射。因此，在开始阳台园艺前，不妨先来观察一下自家的阳台吧。

如果是需要充足日照的花草，则需要将花盆置于较高的地方，可以将其摆放在高台、架子上，或是吊挂起来。如果是不耐强烈日晒的植物，则需要将其摆放在阴凉处、架子下，或是给植物盖上一层遮阳网。

每种植物所需日照和最佳生长条件不同，慢慢了解所种植物的特性是很有必要的。

以东京为例，夏至时，阳光直射阳台墙壁的时长约为 7 小时；春分、秋分时约为 12 小时；冬至时约为 9 小时，其实冬季的日照时间反而比夏季长。此外，在夏至这天，朝东、朝西和朝北的阳台接受日照的时间也有所不同。

详情请参考第 54 页

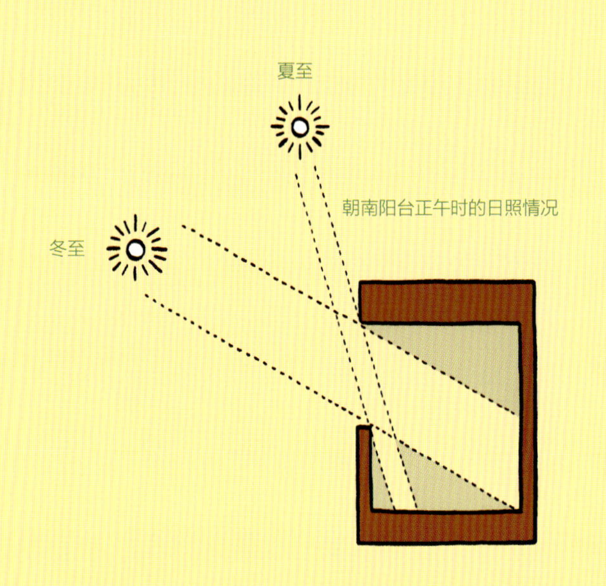

风

楼层越高风越大，植物也越容易干燥，需要特别注意避免植物缺水（花盆水分不足），建议仔细观察花盆土壤状况。同时，可事先了解阳台风向，将不耐风吹的植物转移至风小的地方。

此外，如果遇到台风等暴风雨天气，花盆容易被吹倒摔破，也会伤及植物。因此，建议这时候将花盆摆放在阳台的角落里或是从架子上拿下来。

每种植物对风的喜好和需求程度也各不相同。

这些对植物很重要

1

太阳光是主食

植物接受日照，进行光合作用。所谓光合作用，就是指在光的作用下，植物将摄入的二氧化碳和水合成为碳水化合物。太阳光就像是植物的主食，是植物获取能量的来源。每种植物所需日照强度和时长不同，喜光植物一般每天需要接受4~6小时的日照。

→ 详情请参考第54页

2

风是有氧运动

对于植物生长来说，风是一个非常重要的因素。很多人可能对此感到意外。植物处于并非完全无风的环境时，徐徐拂过的微风，会促进蒸腾，加强植物代谢。即使放在室内的植物，也需要保证空气流通，让其接受适当风吹。不过，太过强烈的风吹会让植物受伤，因此摆放植物时也需充分考虑这一点。

3

水分补给不可或缺

水分与日照一样，都是植物光合作用中不可或缺的。植物将光合作用合成的能量输送到全身，然后通过气孔，将水分以水蒸气的形式排出，从而对自身的温度进行调节。植物在生长过程中时常需要消耗水分，因此对其进行适宜的水分管理十分必要。

→详情请参考第 53 页

4

施肥不可忽略

有的土壤中原本含有肥料，但经过多次浇水，营养成分会渐渐流失。每种植物对肥料的需求程度不同，不过盆栽植物土量有限，因此在其发芽、生根、开花等重要阶段，需要对其施加肥料。

→详情请参考第 55 页

阳台植物的生命线——浇水

浇水是为植物补充水分，水分也是光合作用所必需的，因此一定要避免植物缺水。阳台环境很容易干燥，建议时常查看花盆土壤是否缺水，确认叶片是否健康，对植株生长状况进行观察。

夏季，气温上升，尤其需要注意给植物补水。盆土夏季可能很快就干了，除了早晨浇水外，夜里也可以再浇一次（夜间护理）。根据植物种类的不同，有些植物可以选择向叶片喷水（用喷雾瓶向叶片喷水），这样也能有效提高空气的湿度。

浇水可帮助土壤“翻新”和降温

浇水后，花盆底部会有水流出，同时也将土壤中的原有水分和空气排出，吸入新的空气。这对于根部来说非常重要。此外，在气温较高的季节，浇水还可以帮助花盆土壤降温。浇水时应足量，直至花盆底部有水流出。

根据植物类型，选择合适的浇水方式

大多数园艺植物在种植过程中需要注意避免缺水，花友要思考如何为其补水。不过部分附生植物根部喜欢空气，如附生兰等，还有一些原本生长在干燥地区的多肉植物等，在为这类植物浇水后，让水分尽快蒸发也很重要。

买回植物后

购买盆栽植物后，不妨根据个人喜好，对盆栽植物进行加工。可以将其直接摆放在阳台上，也可以将其翻种在新的花盆里，使之风格焕然一新；即使不换盆，给植物加上一个新的花盆罩也会令外观大变。购买植物时，可以向园艺店咨询，这种植物放在什么地方养护比较好。既然决定在家中种植，那么不妨事先了解其特性，以保证其茁壮成长。

→ 详情请参考第 50 页

植物对环境的变化很敏感

市面上出售的花草、树木，都是由园艺生产商进行培育养护的。我们将这些植物购买回家后，因为生长环境发生变化，有时候植物会出现叶子受伤、打蔫儿等情况，对此不必慌张，只要还能长出新叶，就证明植株没有问题。同理，搬家时，植物也可能会受伤。因此每次生长环境发生变化后，都建议对植物进行一段时间的观察。

阳台参观

四个风格各异的
阳台花园

1

『当周身被喜欢的颜色包围，
还能欣赏水灵灵的多肉植物，
整个人都会兴奋起来。
正是因为这个阳台的朝向，
才让我决定住在这里。』

将阳台的花盆和架子涂色，
根据个人喜好进行装饰搭配。
虽然空间狭窄，
但无论看多少遍都不会厌倦。

Morishima Asami

森岛麻美

Visit Veranda

阳台信息

面积…………长约 1.7m，宽约 0.8m
朝向…………朝南

在彩色的花盆里，
种上心爱的多肉植物。

1 黄金柱
2 福禄龙神木
3 芦荟“不夜城”
4 王冠短毛丸
5 铁甲丸
6 新玉缀
7 龙舌兰“笹之雪”
8 白桦麒麟

专注于多肉植物十年

“起初，我只是想在家里养一盆自己喜欢的多肉植物而已，想必很多女孩子都是这样‘入坑’的吧（笑）。养着养着，我对多肉植物越来越喜欢，买的越来越多，家里的花盆也在不断增加。”

森岛女士住在一座公寓的三层，她很重视植物的生长环境，决定住在哪里完全取决于房子的阳台环境是否令人满意——既要朝向好，又要通风好。森岛女士是一名时尚造型师，因此她十分擅长色彩搭配，摆满花盆的阳台一角经过她的巧手打造，变得异常华丽。“我很重视花盆颜色和配色的平衡。看到美丽的事物，我们的心情也会变好。”她将摆满素烧花盆及普通花盆的架子和

从房间向外远眺，风景令人心情愉悦。

↑森岛女士养得最久的一盆。多肉植物在篮筐里不断生长，她还对其进行了分株。

↓阳台上装饰着杂货店购买的土耳其风格和摩洛哥风格的花瓷砖。

↑涂成樱花色的壁板，是阳台的亮点。中间悬挂的白色花盆上贴着粉色的圆形毛毡，以作装饰。

←森岛女士准备了许多涂色工具，方便随时使用。油漆颜色是她喜欢的樱花色、天蓝色、紫色等。如果是为摆在一起的花盆涂色，则在挑选颜色时注意色彩搭配的平衡。

→在花盆中放上玻璃球，打造心仪的微空间。

壁板重新涂色，主色调为樱花色。至于为何会有这样的灵感，森岛女士表示，在摩洛哥旅行时，当地鲜艳美丽的颜色令她印象深刻，所以她也不禁想在自家阳台上打造一个这样的彩色空间。“时间长了，可能会出现颜料脱落、褪色的情况，不过，那又是另一番韵味了。”

每日观赏阳台风景，
聆听植物的声音

不仅仅是花盆，盆中的多肉植物也格外水灵可爱。每次查看植株的生长状况，都令森岛女士惊叹不已。“我每天都要看遍所有的花盆，有时候欣赏多肉植物美丽的叶片，有时候确认植株的状态如何。只要看一眼，就能知道哪一株状态不佳，什么时候需要为其补充水分。”

而根据季节和植株状态的变化，有时候也需要改变花盆的摆放位置。

“多肉植物和我的性格非常像，既不希望被约束，又渴望别人的照顾，但又不能对它们干涉过多，很是傲娇。”

虽然森岛女士非常喜爱多肉植物，但却不会冲动消费。她会认真斟酌，购买自己真正想要的那一株，也很重视对多肉植物的长期种植和养护。

阳台参观

四个风格各异的
阳台花园

2

『改装公寓的时候，我也顺便重装了阳台。装修的时候，我突然意识到：是不是可以将这些墙壁利用起来呢？』

因为阳台的墙壁面积较大，所以渡边先生的阳台充分利用这一点，主要以悬吊植物为主。他在阳台上种满了自己喜爱的植物，打造了一个属于自己的乐园！

Watanabe Kazuto

渡边和人

阳台信息

面积…………长约 4m，宽约 1.7m

朝向…………朝南

主要种植了心爱的鹿角蕨和附生兰

渡边先生住在高层公寓的十层。公寓周围没有太高的建筑物，因此可以欣赏远处的海景。以前，渡边先生在阳台上种植了橄榄树、葡萄藤，还养了香草和小花。三年前，他对阳台外墙进行了一次大整修，将一部分植物送给了别人，打算换换风格。对整修方案犹豫之际，他突然想到，应当利用起阳台的墙面。

“我家阳台两侧都是墙壁，于是我在侧墙支起了铁丝网，悬挂了自己非常喜爱的鹿角蕨。”

大大小小的铁丝网，有的被钩子吊起，有的挂在支撑杆上，上面种着鹿角蕨和附生兰，同时点缀着些许多肉植物。阳台的地面上没有摆放花盆，因而显得非常整洁，打扫起来也很方便。

渡边先生说：“我不主张在购置用品方面花太多钱，应该更重视用心制作的过程。包括工具在内，我的阳台园艺用品大多购于百元店（100 日元约为 6 元人民币）。”而滤水网和浅底筛子等则是直接使用了厨房用品。

在阳台上养植物，浇水是个大问题。阳台距离室内有一段距离，直接用水管引水过来压力不够，于是渡边先生在塑料瓶上安装了一个加压式喷雾嘴，为植物浇水。

“使用这个装置，可以向固定点喷水，水量很足，给高处的植物浇水也不在话下。夏季，植物很容易缺水，如果早晚不及时补水，叶片颜色很容易变差。虽然每天都在浇水，但仍然感觉对它们照顾不周，我自己都快得腱鞘炎了（笑）。”

渡边先生还在阳台一角放上水盆，方便随时取水或是浸润花盆。虽然楼层较高，阳台上不常有虫子，不过他还是养了些青鳉鱼，以防止蚊子幼虫出现。

阳台虽小，
但也要打理得茂盛又美观

渡边先生一般在周末栽种植物或是打扫阳台，但偶尔也会“心血来潮”，夜里点着灯在阳台上工作。他说，上班前在阳台上浇浇水，看看植物，心情也会不一样。“不过我出差很多，有时候真的顾不上打理它们，只是在照料能活下来的那些。但只要用心对待植物，植物也会有所回应。给它换个位置，或是改变一下补水方式，濒临枯萎的植物也会‘起死回生’，这时候会令我特别开心。”

每次去逛园艺店，总是忍不住买很多植物。“不过因为阳台空间有限，比起拓宽面积，我倒是更希望把现有的阳台打理得精致又美观，没有必要强迫自己去做超出能力的事情。”

从阳台外墙开始改造，摆满了心爱的鹿角蕨。

挂在铁丝网上，或是吊在支撑杆上，也可以摆在台子上。

1 番杏柳
2 竹节丝苇
3 丝苇
4 棒叶指甲兰

5 二歧鹿角蕨
6 马来鹿角蕨
7 卡特兰「海鸥水果糖」
8 三角鹿角蕨

9 龟甲龙
10 百万心
11 二歧鹿角蕨
12 雪晃星

13 可疑龟背竹
14 石斛
15 龟纹木棉
16 黑法师

→支撑杆顶到屋顶，以固定铁丝网，同时使用了许多钩子。

↑阳台一角专门种植石豆兰、异型兰等附生兰。渡边先生还为每株植物制作了名牌，在上面记录了植物名称和购买日期。

利用支撑杆和钩子进行悬挂

↑利用旧的滤水网和筛子种植了鹿角蕨，同时在其土壤表面铺上了一层水苔，即使悬吊起来，土壤也不会散落，同时还增强了土壤的保水能力。

←将旧木材立在墙边当作挂架使用。同时将木材上部与阳台的金属零件连接，以保证其稳定。

『浇水最重要！』时常检查植物状态，认真为其补水

→
渡边先生的浇水装置。“水瓶上的喷嘴是我在泰国旅行时买的，喷水量很足，我很喜欢用它。”

←检查每一株植物的生长状态，为其补充水分。“我家离海边比较近，海风拂过，叶片上很容易残留盐。特别是台风过后，我都会小心地对植物叶片进行清洗。”此外，不使用空调的时候，渡边先生也会充分利用室外机周围的空间，为植物提供通风更好的环境。

←灼烧植物附生的木板，“为了避免木板腐烂，对其进行灼烧，感觉这样处理后，植物更容易成活了。”有点廉价的木板经过灼烧后，还会变得别有一番韵味。

→
在阳台角落放置水盆，既方便取水，也可以将花盆整个浸润在水中。

阳台参观

四个风格各异的
阳台花园

3

『想把阳台打造得如同庭院一般，绿意满满，氛围自然。』

墙壁、地面都是纯手工制作的。把阳台打造成自己心仪的空间，种上各种各样的植物。

Iwayanagi Yuuki

岩柳有起

Visit Veranda

阳台信息

面积…………朝南阳台
长 10m，宽约 1.2m
朝西阳台
长 7m，宽约 0.9m
朝向…………朝南 / 朝西

WELCOME
TO OUR LAKE HOUSE
FLOWERS
Welcome
PLEASE
REMOVE YOUR SHOES
SAISON DES
CERISES
PROJET
D'AVENIR
LA PASSAGE
DES FLEURS

Y.Iwayanagi

从客厅可以远眺美景

岩柳女士住在高层公寓的十层，视野很好。天气晴朗的时候，甚至可以远眺富士山。外围的阳台环绕着房间，在朝南和朝西的一侧养着很多植物。

“我最先买回来的是橄榄树。那时很想在阳台养一棵常绿树，从客厅望出去非常好看，还能收获果实。”

岩柳女士家的阳台是矮墙围栏，因为觉得纯白色太过单调，她在客厅能看到的部分立了一块褐色木板，“效果超出想象！虽然只是墙壁，但稍加心思，就能有不同风格，很有意思！后来我也用这个办法装饰了阳台其他地方。”

阳台原为灰色混凝土地面，后来，岩柳女士为部分地面铺上了露台板材。“木纹和花砖风地板能让阳台地面更加明亮，看着干干净净的，令人神清气爽。同时，这样的地面排水性能好，打扫起来也更加方便。”她还将空调室外机开辟成一块新的置物空间，上面垫上架子，就可以放置木箱和花盆，从而种植更多的植物。

岩柳女士认为，阳台是客厅的延伸。她希望能够打造一个舒适的阳台空间，在餐桌享受早餐或是休息日喝咖啡时，都能欣赏阳台上茁壮生长的植物。

现在的阳台虽然满是绿色，但其中也有不少植物枯萎。

“阳台的日照虽然不错，但西风太强，有些植物抵挡不了风吹。现在我在阳台西侧改种一些植株不高的植物，在容易被风吹到的地方则放了一棵长得很大的橄榄树，为南侧挡风。在阳台西侧种植物我也是在反复尝试，如果植物生长状态不好，就给它换个位置，找出原因。这样持续一两年，经过季节变迁，也就能逐渐掌握阳台环境的特点了。”

岩柳女士家的阳台有屋顶，所以夏季基本不会有阳光直接射入。靠近墙壁摆放的多为喜阴植物，而那些喜光植物则尽量摆放在高处，可以悬吊起来，也可以置于高台上。

随着季节和环境变化，移动花盆位置

采访岩柳女士是在秋天，阳台上的三色堇开得正艳。

“我很喜欢花，特别是三色堇，每次在园艺店看到就忍不住买回来，现在真的要控制住自己的购买欲才行（笑）。”

岩柳女士的目标，是要把自家阳台变得像庭院一样，种满各种植物。她精心挑选阳台上的花，同时要确保阳台上不会过于“五颜六色”。她还选了很多观叶植物和树木，“常绿树不会造成太大的清扫负担，但落叶树更有季节感，看到它发新芽会非常开心。”

从客厅望出去的景色。上午时分还会有阳光射入，非常舒适。

↑充满季节感的混栽花台。这个季节主打的是船型浅篮里的朴素盆景风格混栽。三色堇是F1薇薇系列“粉色古典（Pink Antique）”与“黍的午睡”雪朵花也是很好的点缀。

←小铁篮混栽。以三色堇“雪纺桃（Chiffon Peach）”为主，配以银叶植物。“将其挂在围栏上，可以保证日照充足。”

→“我非常喜欢花，不过，只种花未免太单调，所以我又种了一些常绿树。多种绿色交织在一起的感觉，我非常喜欢。”

↑为防止雨天溅泥，在土壤中加入了一些水苔。“也可以用来为植物防寒。”

尽量让花盆接受日照，同时搭配一些常绿树和喜阴观叶植物

↓挂在围栏边的混栽植物篮，其实是很多小盆栽的组合，每个花盆里只种了一株植物。“更换其中几个花盆，就可以轻松改变整体风格，同时也不用担心会伤害植物根部。”

↑在阳台角落种植着矾根等喜阴植物。各种叶子搭配在一起，带来视觉上的变化。

↓墙壁上安装有铁钩，可以挂上铁丝篮。盆中只种了三色堇，小小的花朵非常可爱。

→
各种姿态的常绿树。这几棵树叶子的颜色和形状都很美，深受岩柳女士喜爱。同时，它们耐寒，非常结实。树叶形状独具个性，下图是矮生流苏相思“特蕾莎”，叶片颜色明亮，还会开出可爱的小花。

自己动手，对地板和墙壁稍作加工，为每个角落打造独特风格

←用麻布将外露的管道包起，上面缠绕一些藤蔓植物进行装饰。“不同季节，我也会选择不同的植物，现在是常青藤。”

→ “用三块木板挡在热水器周围，并使用 L 型金属零件将其固定。”花盆里种着的是三色堇“淡紫玫瑰灯塔（Orchid Rose Beacon）”、蜡菊“青柠（Lime）”、金叶的素方花“菲奥娜日出（Fiona Sunrise）”。

←阳台上铺着带接头的板材。“这种板材可以通过续接增加铺设的面积，非常符合我的要求。”这里岩柳女士搭配使用了木纹和花砖两种风格。

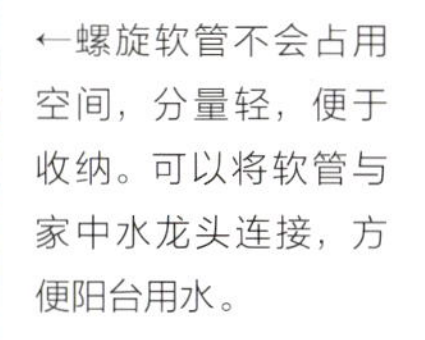

←螺旋软管不会占用空间，分量轻，便于收纳。可以将软管与家中水龙头连接，方便阳台用水。

→ “我在这里将木板拼贴成了一个‘门’，并将五金件等小配件涂成金属风，营造复古效果。发挥自己的创意，亲自动手制作，这个过程也很有意思。”

阳台参观

四个风格各异的
阳台花园

4

Hatayama Nobuya

畑山信也

阳台是另一个起居室。

『在我心目中，阳台是幸福的舞台。

可赏月，可观星，还可听风吟鸟鸣。』

在东京城市中央，也能感受到季节的变迁。

阳台信息

面积…………朝南阳台
长约12m，宽约3.5m
朝西阳台
长约9m，宽约2m
朝向…………朝南／朝西

与植物在一起的幸福生活

畑山先生住在公寓的最顶层，这座老公寓的建筑年龄已经有 50 余年了。从阳台望出去，可以饱览东京的街景。而这小小的阳台，则是隐于都市生活的一片田园乐土。畑山先生用了近 15 年，一点点积累，在阳台种植了 250 种植物，足足摆放了 300 个花盆，他可谓是阳台园艺的达人。从起居室走进阳台，首先映入眼帘的是种着“赤霞珠”和“巨峰”的葡萄架，葡萄架下有一个小区域，摆放着桌椅和炉子。“在阳台度过的时光总是幸福的，我甚至可以在阳台待上一整天，简直想在阳台隐居了。”除了葡萄，畑山先生的阳台上还种了枇杷、蓝莓、无花果等 20 多种果树，“眼看着果实渐渐长大，不仅可以体验亲自收获的喜悦，果实吃起来也格外美味。”

畑山先生的阳台上还有一条木板铺成的小路，两侧种满茂盛的花草树木，让人一时间忘了这里原本是个阳台。“关键是要将高低不同的植物搭配在一起，朝阳一面摆放一些植株较高的植物，这样便形成了树荫，树荫下可以安置一些半喜阴植物。”同一片区域内，既有喜光的橄榄树和柠檬树，又有喜阴的玉簪和蕨类植物，小小的阳台如同森林一般。畑山先生最重视“植物的多样性”，栽种了很多种植物，每个季节都有着不同的风景。“能够和植物生活在一起，这令我十分开心。不必远行山中，也可以感受季节变化。阳台上春夏秋冬花开不断，特别是蓝莓，从开花到结果，再到收获后的红叶，每一个时期都值得一看。时不时还有小鸟飞过，播下种子，渐渐发芽。培育这样一棵‘未知’的植物，也颇为有趣。”

清扫是阳台园艺的一大问题。每当有花叶掉落，就要进行清扫工作。“例如，茶梅与山茶的花朵很像，但茶梅的花是一片一片掉落的，而山茶花则是一整个花朵掉落。如果要在阳台上种植，还是山茶花更方便清扫。另外，圆锥绣球的花在凋零后不会掉落，而是会变成干花，不仅不会造成清扫压力，还很值得观赏。”

站在葡萄架下看到的小路风景。尽头还有一个水池，里面养着睡莲等水生植物。

庭院是夫妻共有的，庭院的风格也在不断变化

“因为妻子做饭需要，所以我在阳台上还种了一些香草植物。”畑山先生的妻子是一位烹饪研究家，喜欢使用时令食材制作季节性美食，并把这当作毕生的事业。她有时在阳台上采一点迷迭香和百里香，作为烹调香料，也会使用柠檬草和薄荷泡一杯香草茶。

“如果发现阳台上的植物开花了，或是发新芽了，我们都会彼此知会一声。因为这些植物，我们之间的交流也更加频繁了。”

畑山夫妇也时常在阳台上饮茶用餐。“秋天这座公寓要进行翻修了，现在我们正在一点点地整理这些植物。”许多住户共住在大公寓里，总会遇到这种情况。畑山先生不得不减少植物的数量，虽然有些不舍，但他觉得这也是个重新审视生活的好时机。

“随着年龄的增长，我们对植物的喜好也在发生变化。究竟我们渴望的是什么样的风景，向往的是什么样的生活，恐怕这就是庭院风格设计所要抓住的精髓吧。”

采访畑山先生时正值深秋的11月。他在葡萄架下，点燃炉火接待了我们，“这里是最舒服的地方了。”

↑阳台上种了很多香草植物。“我们养了两种迷迭香，既有匍匐生长的，也有直立生长的。迷迭香的枝叶从花盆垂下，姿态优美；走过时碰到叶子，还会闻到清新香味。”

常用工具都收纳在能看见的地方，细节也很讲究

→
畑山先生在阳台上打造了不同主题风格的小景。这里便是西洋风的水边风景。摆放多肉植物的架子为纯手工制作，一旁还有欢迎牌，每一个细节都赏心悦目。

↑收纳工具的架子。工具风格统一，看起来非常舒服。

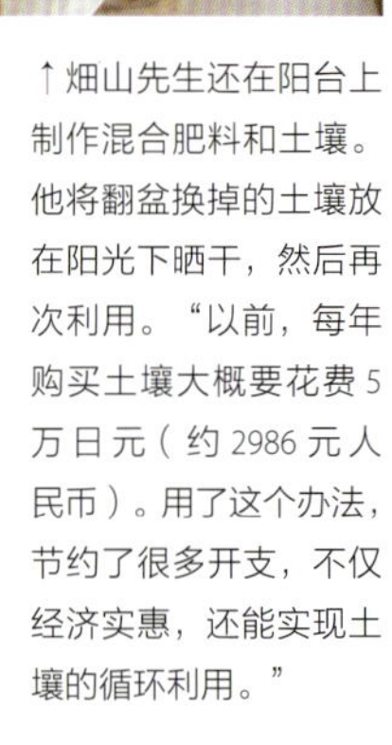

↑畑山先生还在阳台上制作混合肥料和土壤。他将翻盆换掉的土壤放在阳光下晒干，然后再次利用。“以前，每年购买土壤大概要花费 5 万日元（约 2986 元人民币）。用了这个办法，节约了很多开支，不仅经济实惠，还能实现土壤的循环利用。”

→
“我很喜欢古旧风格，所以特意挑选了略带锈迹的花盆、架子，将这些旧物件搭配在一起。”经过时间的洗练，这些旧物愈发富有魅力。

Hatayama Nobuya

Visit Veranda

烟山先生阳台上的

春夏秋冬

随着四季更迭，阳台上的风景也各不相同。
这里为您介绍四个季节里畑山先生家阳台上的代表性景色。
照片 / 选自畑山信也的博客《东京阳台通讯》

5月
2017.5.16

这是一年中最美的季节。
玫瑰、铁线莲、茉莉争相绽放，
蝴蝶等翩翩起舞。

8月
2017.8.12

植物生长势头惊人，
正是葡萄和无花果收获的
季节。

11月
2017.11.30

这个季节里，植物的枝叶开始
变得稀疏，天气也愈发寒冷，
马上就是红叶季了。

1月
2018.1.3

冬季大多数植物枯萎，但却是
含羞草和紫一叶豆结出花蕾的
季节，锡嘴雀也常来玩耍。

JACKSON

在阳台栽培植物前需要学习的知识

本部分将介绍在阳台种植植物时必备栽培环境的基本知识，以及栽种、浇水等园艺工作的基本技巧。

希望能帮助您掌握与植物的『相处之道』，享受栽培的过程，为日常生活带来长久的乐趣。

园林设计家、园艺研究家

田中哲

Tanaka Akira

日本园艺设计专门学校教师，曾参与各种风格的园林设计，在建筑与植物的关系方面具有丰富的经验和知识。他的座右铭是：亲自培育，亲自观察，亲自实践。

有适合阳台种植的植物吗?

阳台终归是建筑物的一部分，被墙壁包围，再加上水泥砂浆的地板容易储热，因此很容易干燥。对于植物来说，阳台其实是一个非常严酷的生长环境。

考虑种植难易程度，一般来说，生命力顽强、能够忍耐严酷环境的植物在阳台上更好成活。观叶植物里，海芋、春羽等天南星科植物都可以。如果您是园艺新手，相比宿根草（多年草本植物），种植一年生草本植物更加合适。这类花苗生长很快，半年就会成为一个生长周期，欣赏花开后可以重新规划阳台植物，挑战种植新的花草；在炎热的夏季，还可以帮助减少花盆数量，让栽培工作得以休整。如果想要欣赏植物整个生长过程，那么不妨选择从发芽时期开始就极具观赏性的球根植物。

不过，最为关键的，还是要选择“自己喜欢的植物”。购买植物后，应当先查阅其栽培方法，思考如何能将其培育得茂盛茁壮。不过，也无须一味地拘泥于适合阳台环境的植物，不妨考虑将阳台改造为适合植物生长的环境。

关注植物的“栽培环境”，与植物和谐共处

那么，究竟什么样的环境才是适合植物生长的环境呢？除了具备适宜的日照和通风这些基本条件外，还要将阳台打造成为植物喜欢的环境，也就是接近其原生地的环境。如果是原生于沙漠的植物，则要让其生长环境略微干燥；如果是原生于热带雨林的植物，则要保证为其充分补水。努力为植物打造接近其原生地的环境，植物也会生长得更加茂盛。

此外，应多留意现居住地以及阳台的环境，慢慢掌握适合植物的培育规律。有植物枯萎，或是长得不好也没关系，不要气馁，只要用心培育，总会有收获。与植物和谐共处，享受阳台园艺的乐趣吧。

了解植物的原生地及当地气候

园艺商店和花店里摆满了来自世界各地的植物，或是以之为亲本进行改良的新品种。购买植物后，一方面，应查阅其栽培方法，了解植物的原生地，根据其原生地环境气候的冷暖情况，判断花盆适合放置的场所，猜测适宜植物生长的季节和环境。另一方面，在培育过程中，想象着植物原生地的风景，也是一种别样的乐趣。

热带气候

高温高湿，热带暴风雨（squall）带来的强降雨较多，年降水量高。其中，热带草原气候地区干湿季分明。

干燥气候

有少量降水，可供草类和矮树生长。沙漠干燥气候地区则几乎没有降水，有的地区一日中的温差可达 50℃。

温带气候

四季分明。其中，地中海气候地区夏季温暖少雨。温带海洋性气候地区全年温暖，各季节气温、降水差异较小。

亚寒带、寒带气候

亚寒带气候地区各季节温差较大；寒带气候地区因太阳照射高度低，常年寒冷，因而植物种类也很少。

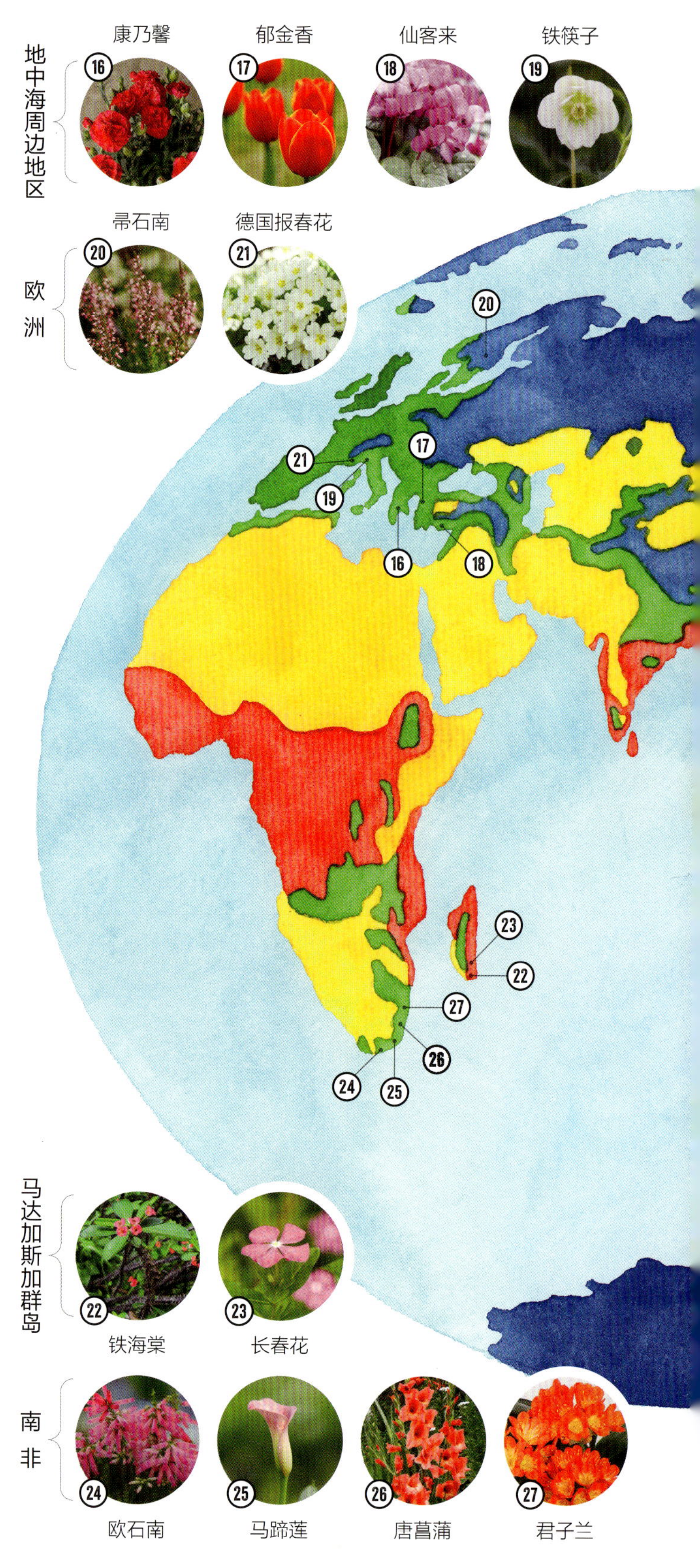

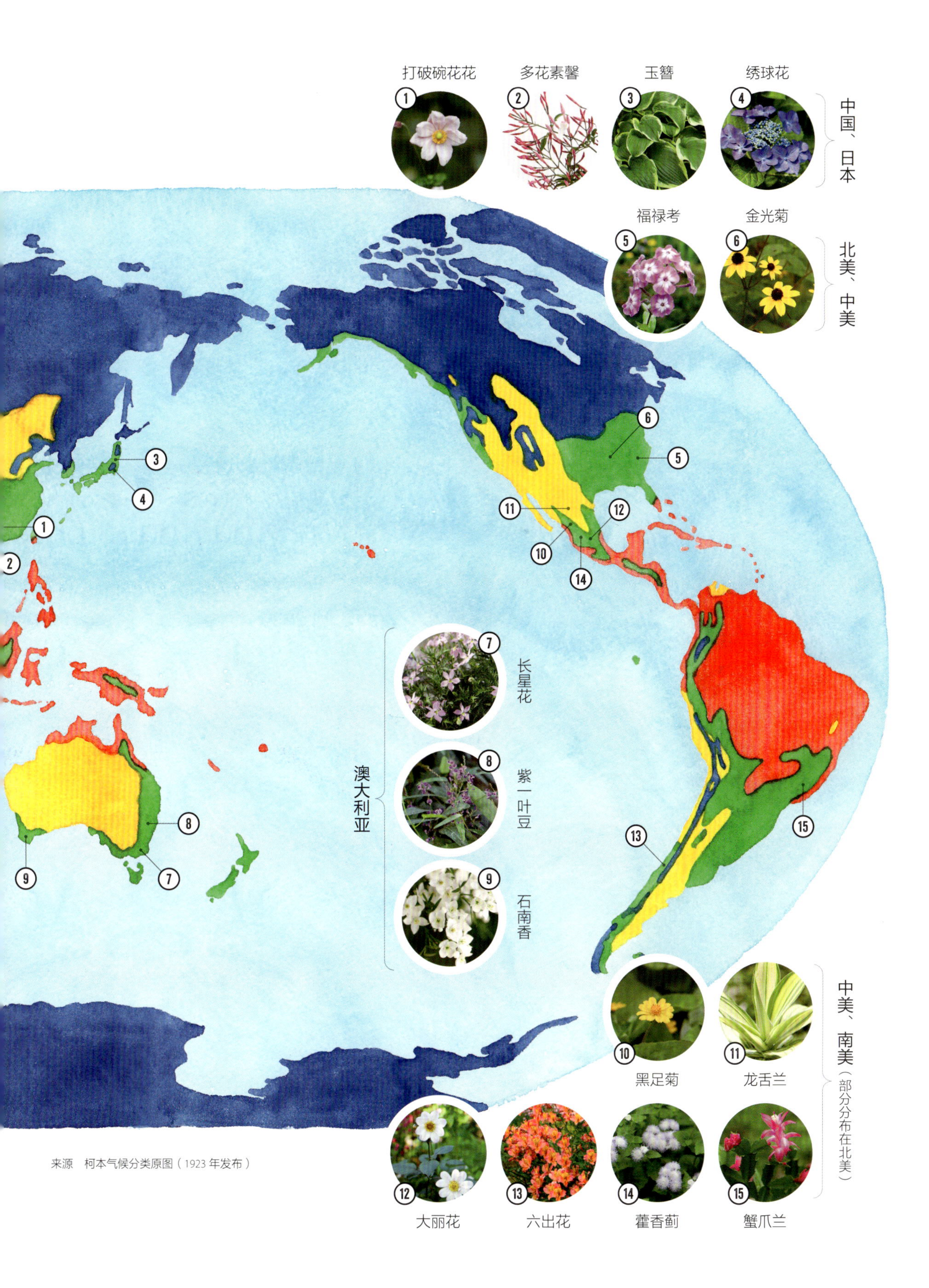

来源 柯本气候分类原图（1923年发布）

在阳台栽培植物前
需要学习的知识

了解日本的气候

本部分我们主要关注日本的气温，此外还将介绍日本的四季与植物生长周期、园艺工作的关系。

留意居住地区的气温

降水量与气温是栽培植物的重要条件，特别是气温。阳台很少出现大量降水的情况，水分补给一般可通过平日的浇水量来控制。但阳台的气温情况就没这么简单了。下面这张地图体现了日本各地区的寒冷程度（过去最低气温的平均值）。有些地区虽然相邻近，但因为地形不同，气温也会有差异。在阳台栽培植物，需要事先了解居住地区的气温和植物适宜的温度区间。

日本列岛南北狭长，气候富于变化

在柯本气候分类原图（第46、47页）中，日本本州岛以南大部分地区为温暖湿润的气候，四季分明，降水较多。本州岛北部内陆地区和北海道地区为亚寒带气候。

此外，日本列岛不仅南北狭长，同时被海洋包围，在黑潮（日本暖流）和亲潮（千岛寒流）等海流影响下形成季风，因此太平洋一侧与日本海一侧的气候差异很大。

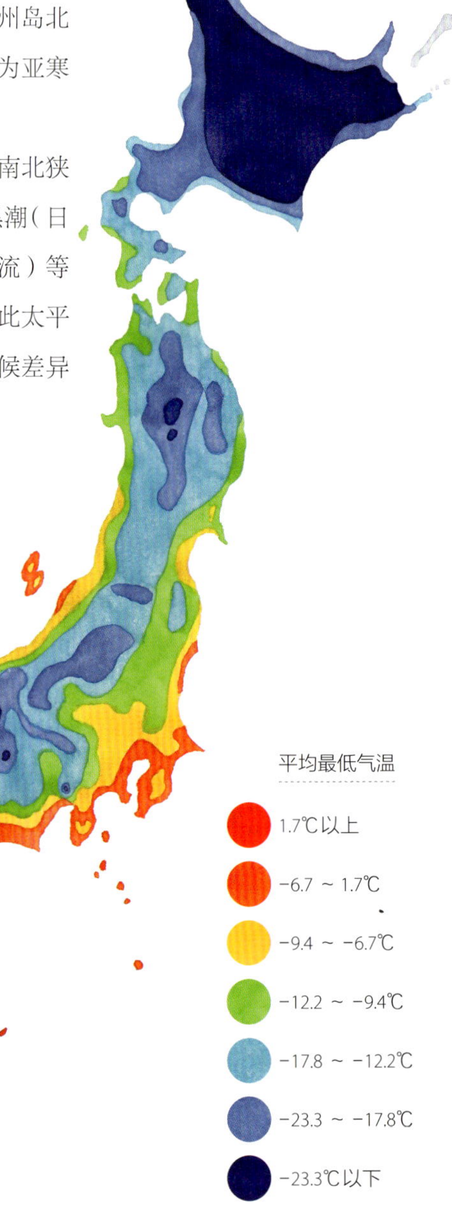

抗寒带分区地图（Hardiness Zone Map）
出自艾博克（Aboc）出版社《日本花名鉴④》，
省略了部分颜色的细节部分。

园艺的循环往复：一个自然年的工作流程

植物一般以一个自然年为一个生长周期，不过这也取决于其原生地的气候条件。了解所栽培植物的生长规律，是长久保持植物茁壮生长的秘诀。下面以一般植物为例：

春

春天是大多数植物积极生长的季节，是花草、花木开花最多的季节，也是最适合栽种、翻盆、播种等园艺工作的时期。

有关栽种，详情请见第 52 页
有关翻盆，详情请见第 56 页

● 注意

春天可能会有晚霜，导致植物新芽冻伤。此外，春天开始有病虫害出现。

有关病虫害，详情请见第 63 页

夏

初夏，植物开始茁壮生长。梅雨季节过后，植物的生长告一段落，许多春天开花的花木和结果植物已经完成了下一年花蕾的储备，在下一年早春时节前完成修剪工作，这样比较容易发现花蕾。

● 注意

夏季日照变强，要小心酷暑和干燥，同时也要小心病虫害。夏季应特别留意，避免植物缺水。

有关夏季应对措施，详情请见第 58 页
有关病虫害，详情请见第 63 页

秋

与春天一样，植物在秋天再次开始生长，许多植物适合在秋天进行栽种、翻盆、播种等工作。

有关栽种，详情请见第 52 页
有关翻盆，详情请见第 56 页

● 注意

秋天，日本进入台风季节，应提前思考如何应对台风天气。同时需要小心病虫害。

有关台风应对措施，详情请见第 61 页

冬

大多植物在冬季休眠，当然也有个别例外情况。冬季，植物停止生长，或是生长非常缓慢。

● 注意

冬季需要应对寒冷和干燥的天气，并注意浇水的方式。

有关冬季应对措施，详情请见第 61 页

专栏 COLUMN 何为“植生”

相同的植物，根据品种不同，适宜生长的环境也会有所差异

年复一年，月复一月，植物经历着反反复复的迁徙、淘汰，终于挺过多次冰河期和温暖期，生存至今。此外，地质条件、季风，以及地形导致的日照条件的不同，也会对植物的生长环境造成影响。

在日本国内也是如此。根据地区不同，植物的生长条件也各不相同，同一植物的不同品种，适宜生长的环境也有所差异。这里我们以日本常见植物——绣球花为例，通过分析其在日本各地区的分布情况，了解环境与植物的多样性。下图仅为较粗略的绣球花分布图，如果具备生长条件，也可能出现跨区域或零星分布的情况。

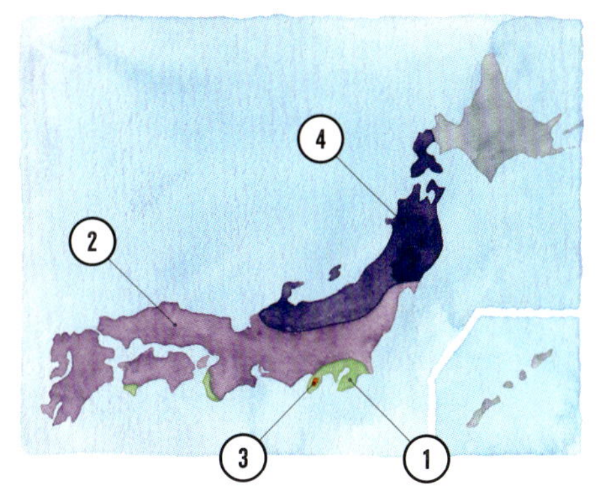

出自柏书房《日本绣球花图鉴》

品种名：绣球花
（别名：八仙花、紫阳花）

原生于日本本州岛太平洋沿岸的房总半岛、三浦半岛、伊豆半岛、伊豆群岛等地，适合在太平洋沿岸的温暖气候地区生长，耐日晒、海风，不耐寒冷和阴凉。

品种名：泽八绣球
（别名：小攀缘绣球、泽八仙花）

原生于日本九州、朝鲜半岛南部，多生长在内陆地区，在山间细谷、林间路旁等地的朝阳树林中比较常见。不耐寒，需要特别小心冬季干燥的北风。

品种名：天城甘茶（泽八绣球的变种）

原生于日本伊豆半岛，是该地区特有的变种，多生长在内陆地区，在山间细谷、林间路旁等地的朝阳树林中比较常见。不耐寒，需要特别小心冬季干燥的北风。

品种名：虾夷绣球（泽八绣球的变种）
（别名：陆奥绣球）

原生于日本北海道至本州的日本海一侧，多生长在日本海沿岸的积雪地带，不耐寒，需要特别小心冬季干燥的北风。

※ 有些植物生活的地区冬季被大雪覆盖，地表积雪厚，湿度和温度都很稳定，所以这类植物大多无法承受一般地区冬季的寒风和干燥。

3

准备花盆

盆栽植物在有限的花盆空间内伸展根部，因此调节花盆环境是非常重要的。如何选择花盆，使用哪种土壤，这些都值得思考。园艺栽培中使用的土壤的正式名称叫作『园艺用土』，本节将其简称为『土壤』。

【挑选花盆】

挑选花盆要注意材质

花盆就是植物的家。植物的根部不喜欢温度和湿度频繁变化的环境，同时需要充足的水分和空气，为其提供一个适宜的生长环境非常关键。如果是黑色塑料花盆，被阳光照射后，盆内温度升高，会变得闷热。

塑料花盆

最大的特点是轻且结实，花盆再大也能轻松移动，很适合用于阳台园艺。不过，被阳光照射后，盆内温度容易升高，变得闷热，需要特别注意。

铁质等金属质花盆

结实好用，但不具有透气性、排水性，容易产生积水，需要特别注意。可使用底部有孔的金属盆。

木花盆

透气性和排水性比不上素烧盆，但具有隔热性，外界温度难以传入盆内，因此不易受到酷暑或严寒影响。但使用时间不长，不耐用。

素烧盆

经过700℃高温烧制而成，透气性好。素烧盆一般非常干燥，适合用来种植需要干燥环境的洋兰（热带兰）等植物。

驮温盆

日本自古以来最为常用的园艺花盆，经过1000℃高温烧制而成，透气性适当，不像素烧盆那么脆弱。

陶瓷花盆

经过1100℃以上的高温烧制而成，不具有透气性。上釉或是造型独特的陶瓷花盆，也能够衬托植物的魅力。

赤陶花盆

原指意大利产的素烧花盆，现在主要指西洋风设计风格的陶瓷花盆，既包括素烧盆，也包括陶瓷花盆，范围很广。南方生产的赤陶花盆在寒冷天气很容易破裂，敲击花盆，可根据音调高低判断其烧制程度。赤陶花盆大多比较重，可用作上釉花盆，内装较轻的塑料花盆，防止塑料花盆倾倒。

长期使用的花盆

长期使用的花盆内侧会沾着泥土、肥料，影响透气性，应当对其进行清洗，然后晾晒。如果花盆内出现病害，则应立刻丢弃，不要再继续使用。

花盆的深度影响植物的生长

不同大小的普通花盆直径与深度尺寸比例相同，适合栽种多数植物。不过也有特殊的浅盆、深盆，可根据植物种类进行挑选。

浅盆

浅盆底部的含水层与上层空间占比差额较小，水分不易排出，多用于种植根部喜水的植物。

深盆

深盆底部的含水层与上层空间占比差额较大，排水性能好，多用于种植根部喜空气、不喜水的植物。

【选择园艺用土】

栽培的关键在于土壤的质量

如果说花盆是植物的家，那么土壤就是植物健康生长不可或缺的居住环境。和人类一样，植物也需要一个干净、适宜的生长环境。根部需要氧气较多的空气和水分，喜欢适宜的湿度和温度。相对于土地中稳定的环境，花盆内空间狭小，时常在湿润与干燥、高温与低温之间反复，不利于植物根部的生长。

推荐新手使用的培养土

在园艺栽培中，大多数园艺用土都是根据盆栽植物特点配制而成的，性能上也各不相同。现在有很多针对不同植物配制的混合土壤，方便园艺新手使用。

选择有详细标识的培养土

在日本“家庭园艺肥料与土壤协议会”注册过的品牌，其产品包装上会标明适合种植的植物名称(用途)、容量、主要配料名称、是否含有肥料等。购买培养土时，应选择这种有品质保证的品牌。

了解园艺用土

市面上出售的培养土大多是各种园艺用土“混搭”的。本部分我们将对各种园艺用土进行一一介绍。等到熟练掌握栽培知识时，不妨尝试将各种土壤相互组合，配制培养土。

【基本园艺用土】

鹿沼土　赤玉土

浮岩　日向土

富士砂　桐生砂

水苔　川砂

配制园艺用土，需要保证其排水和保水性能，让植物根部能充分吸收水和氧气。基本园艺用土大多产自自然，由火山灰等无机物构成。不同种类的土，其保水性、酸碱度和软硬程度（是否易散开）各有不同。过筛后可将这些土分为大粒、中粒、小粒，然后根据实际用途挑选使用。选择园艺用土依据的标准之一是植物根部的粗细，基本上粗根植物使用粗粒土，细根植物使用细粒土，不过也有例外的。使用时，应挑选碎末较少的土，去除碎末后使用，这样既能保证排水，也可在浇水后保证透气，有助于植物生长。

【园艺用土改良剂】

牛粪堆肥　腐叶土

珍珠岩　蛭石

沸石　硅酸盐白土

熏炭

园艺用土改良剂可对基本园艺用土进行补充。腐叶土和堆肥具有良好的透气性、保水性和保肥性，自身还能提供微量元素，很久以前就被人们用于改良土壤。珍珠岩和蛭石可提高土壤透气性、排水性、保水性，并使土壤轻量化，硅酸盐白土和沸石等黏土吸收肥料养分的能力较强，可调节土壤平衡，防止植物根部腐烂。熏炭可吸附肥分及有害物质，为土壤提供培养有益微生物的空间，还能提升土壤的透气性。

了解栽培的基本知识

本部分将介绍购买植物后需要先进行的几个步骤：栽种、浇水，以及确保阳台日照等。这些知识适用于栽种各种植物，掌握了这些基本功，园艺栽培也会越来越得心应手。

【栽种】

准备种植盆

在种植盆底部铺上纱网，上面放上盆底石；也可以将石头用网袋包住，放在盆底。之后在盆中放入一半深度的培养土。

将幼苗从塑料盆中取出

将幼苗取出，轻轻梳理根部。底部的根如果卷曲交错在一起，会影响对水分和营养的吸收，因此应将其轻轻梳理开，直至能够看到土。

加入培养土，减少空隙

将幼苗置于花盆中央，加入培养土，最终保持根部土球处于花盆上沿下方 2~3cm 的位置。如果加土时不是很方便，也可以使用一次性筷子或烹调筷子，一边戳一边加。最后用手轻轻拍打花盆，让土混合、紧实。

浇水

加入培养土后，需要为花盆充分浇水，直至盆底有水流出，以冲走土中的碎屑。

一般选择大一两圈的花盆

花盆尺寸一般通过号码表示（1 号盆直径约为 3cm）。如果一株植物幼苗是种在 3 号盆里，那么应当选择 4 号或 5 号盆。花盆如果太大，盆里土量过多，含水量很难保持与根部吸收的水量的平衡，容易导致根部腐烂，因此不推荐使用。

留出储水空间

花盆上沿至盆中土壤之间的空间被称为储水空间。为防止浇水后溢出，一般要留出 2~3cm 深的储水空间。

有土铲更方便

说起园艺工具，人们通常会想到铁锹（移植铲），不过栽种时并不需要这些。栽种时，可以使用土铲，使花盆中狭小的空间也能轻松填满土，非常方便。

【浇 水】

充分浇水，直至盆底有水流出

为花盆浇水，一般需要浇至盆底有水流出。水从盆底流出，可以带出花盆里的旧空气，帮助花盆吸入新空气。浇水时应从植株周围向外，均匀浇遍所有土壤，同时要避免浇水后土壤凹凸不平。

检查土壤的干燥程度

土壤的干燥程度与天气和植物状态均有关系。首先应检查叶片的状态，如果嫩芽柔软的叶片低垂，则说明植株可能缺水了。还可以将手指伸进土壤，如果手指沾有土壤，则说明湿度尚可。此外，浇水后及傍晚后可以抬起花盆，比对花盆的重量，时间久了就能判断何时干燥缺水。

把手指伸进土壤中感受湿度。

抬起花盆，感受花盆的重量。

合理把握浇水与干燥的关系

土壤一旦开始变干，植物的根部为了获取更多水分就会伸展。如果土壤一直保持湿润状态，植物的根部也不会发育。此外，如果土壤过湿，根部也会容易腐烂。因此要确保花盆土壤已经干燥后再为其补水。

上午是浇水的最佳时间

上午浇水最为合适。夏季，太阳升起后，花盆内温度上升，闷热的环境容易使植物根部受伤。冬天，如果土壤里水分过多，过夜时会被冻住。不过，在忙碌的早晨您可能顾不上浇水。夏季水分挥发快，可以根据植物的具体情况在夜里补水。

不使用喷壶的花洒喷头，直接为植株补水

其实，浇水时没必要使用花洒喷头为整个花盆喷水。拆掉喷头，缓缓地为植株补水即可。水流如果过大，会冲击土壤，伤害根部，因此要格外注意。

【确保日照】

了解建筑物与太阳的关系

如下图所示，一年四季内，太阳一直保持略微南倾的轨道，在南北之间移动。夏至时分，太阳从东北方向升起，降至西北方向。夏至当天，朝北的墙壁从早到晚共可以接收时长达 7 小时 28 分钟的日照，而朝南一侧则早晚可接收以正午时分为中心、时长达 7 小时的日照，其中正午时分的日照角度为 78° 。以春分、秋分为界，秋天至春天这段时间里，朝北一侧接收不到日照。另外，冬至时分的日本东京，阳光会以 31° 的角度从正南方向射入房间内。而朝东和朝西的一侧在夏至时分接收日照的时长是 7 小时 28 分钟，在冬至时分则是 4 小时 46 分钟，全年都可以接受日照。根据这些规律，我们可以对自家的阳台进行观察。

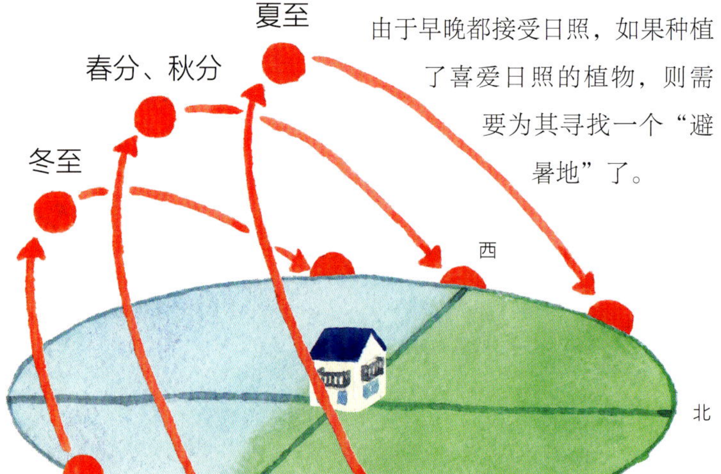

灵活运用夏季的阳光

夏季的阳光有利有弊，如果是朝南、有屋顶的阳台，则夏季时会有部分时段无法接收阳光。不过，对于不耐强日照的洋兰、观叶植物、树荫下的植物来说，却是绝好的环境。而朝北的阳台由于早晚都接受日照，如果种植了喜爱日照的植物，则需要为其寻找一个“避暑地”了。

【壁面朝向与接收日照的时长】 ※ 以北纬 35° 的日本东京附近为例

壁面朝向	夏至	春分、秋分	冬至
朝南	7 小时 0 分钟	12 小时 0 分钟	9 小时 32 分钟
朝东、西	7 小时 14 分钟	6 小时 0 分钟	4 小时 46 分钟
朝北	7 小时 28 分钟	0 分钟	0 分钟
朝东南、西南	8 小时 4 分钟	8 小时 0 分钟	8 小时 6 分钟
朝东北、西北	6 小时 24 分钟	4 小时 0 分钟	1 小时 26 分钟

将花盆置于高处接受日照

如果是围栏式阳台，阳光可以透过围栏射入，但如果是围墙式阳台，阳光很难从外侧射入。地板附近很容易形成阴凉，因此可将花盆置于高处，接受日照。因此，在装修阳台时比较推荐安装围栏，这样可以确保日照充足。此外，也可将植物吊挂起来。

如果想在阳台上摆放花盆，那么选择围栏比较合适。

可在围栏上挂铁钩，然后吊挂花盆。考虑安全因素，应将花盆吊挂在围栏内侧。

【肥 料】

合理使用肥料

栽培初期，市面出售的培养土中加入的基肥和培养土内各种土壤成分所含的微量元素已足够促进植物的发育生长。但由于花盆环境特殊，每次浇水后，都有部分肥分流出盆外，长此以往很容易导致植物缺肥。此外，有些植物对肥料要求很高，为保持植物健康美丽，或是想将植株培养得粗壮，则需要采用合理方式施肥。需要注意的是，过量的肥料对于植物来说“具有毒性”。有机肥料大多是天然材料发酵而成的，这类缓效性肥料对植物的危害较小；而化学肥料使用不均衡或过量则容易伤害根部，导致植物停止生长，甚至枯死。

固体肥料使用铺肥的方法即可

肥料可分为固体肥料和液体肥料。固体肥料又可分为粒状和药片状，放在土壤表面即可慢慢融入土壤中，长时间作用于植物即铺肥。这种方法简单不费事，还能避免忘记施肥。使用时，应认真阅读说明书，选择具有缓效性的肥料。大多数固体肥料会标明作用时间，很多还会标明适用对象，如用于养花还是观叶植物等，可根据个人需求进行选择。我个人很喜欢使用固体有机肥料，有时甚至在植株根部周围堆满了固体肥料，也都获得了很好的成效。

如何使用液体肥料？

液体肥料中的肥料成分已经溶于水中，因此具有速效性。水培植物，或是注重卫生的种植环境里出现缺肥现象（如叶片颜色变淡，花朵变小等）时，使用这种液体肥料能够很快见效。按说明书取一定量的液体肥料，然后加大量水进行稀释，代替日常浇水，补给给植物。可将液体肥料与铺肥区分开来使用。

植物缺肥后会怎样？

处于生长期的植物，如果出现叶片发黄、生长缓慢或是植株矮小的情况，则说明植物营养不良，也就是缺肥了。这时可以立刻施用具有速效性的液体肥料。

活力剂是植物的营养补充剂

活力剂与肥料不同，它可为植物补充必需的微量元素，可帮助发育不好的植物恢复体力，或是在移植、分株后促进植物生根、生长。

肥料三要素

植物生长必不可少的是氮（N）、磷（P）、钾（K），它们也被称作“肥料三要素”。

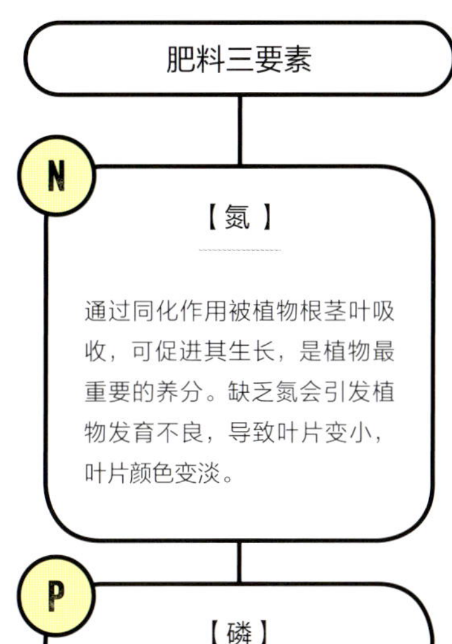

肥料三要素

N 【氮】

通过同化作用被植物根茎叶吸收，可促进其生长，是植物最重要的养分。缺乏氮会引发植物发育不良，导致叶片变小，叶片颜色变淡。

P 【磷】

形成植物细胞的材料，可帮助根、叶伸展，同时促进植物开花结果。缺乏磷会导致茎叶细小，花茎数量减少，开花结果迟缓。

K 【钾】

调节植物生理作用，使根茎生长得更加结实，同时可提高植物对病虫害及酷暑严寒等不良环境的抵御能力。缺乏钾时会引发病虫害，植物的抵抗力也会下降。

※ 此外，钙有助于植物根部生长，使植物更加结实；镁有着促进磷的吸收及其在植物体内移运作用；硫则有助于植物根部发育，并在植物体内发挥作用，促进其生长。

【翻 盆】

每两年进行一次翻盆

宿根草和木本植物会越长越大，花盆里的根部也会越来越发达，花盆难以承载庞大根系时，会不利于根部生长，因此需要翻盆。取出旧土，整理受伤的根部，然后使用新土栽种。这样可以使植株焕然一新，长出健康的新根。栽种后两年左右比较适合翻盆，请选择对根部生长影响较小的时期进行。每种植物的最佳翻盆时期不同，可事先查询植物图鉴或园艺书籍。

确定是增盆栽种，还是同盆栽种

一般情况下，翻盆时会将植株栽种在一个比之前略大一两圈的花盆里，这种就是增盆栽种的情况。不过，这样经历几次翻盆后，花盆会越来越大，比较占空间，也给阳台管理造成一定压力。如果不希望植株长得过大，可以在翻盆时对其根部进行修剪，然后重新栽种在相同大小的花盆里，即同盆栽种。

这种情况下需要翻盆

如果根部长到了花盆或土壤外，则需要立即进行翻盆。此外，如果植物连盆倾倒，或是新芽激增导致花盆难以承载，则说明植物地上部分与根部已失去平衡，需要进行翻盆。

【根部长到了花盆以外】

【从花盆土壤表面可以看到根部】

【水分难以渗透下去】

翻盆时也可分株

对于那些通过地下茎伸展，分生植株或芽的植物，可以在翻盆时进行分株。将植株根部土球分为2、3株，确保每一株都有根，然后分别栽种到和原植株花盆大小相当的盆里。

掌握基础

为植株翻盆——宿根草（多年生草本植物）
铁筷子

这里以铁筷子（圣诞玫瑰）为例，介绍翻盆的一般顺序。

※ 铁筷子一般适合在 10 月左右翻盆。
不同植物适合翻盆的时期不同。

1 将植株从花盆中取出

检查根部土球（根部及周围固定为花盆形状的土块）。根部已经开始环绕盆底生长，说明花盆空间已经非常拥挤了。

2 弄碎土球的上层土壤

用手指弄碎根部土球的上层土壤，注意不要伤到新芽。

3 梳理根部土球的下层

用小棍弄碎土球下层的土壤，大概三分之一左右，然后梳理根部。有的根部受伤发黑，剪掉即可。

※ 如果要将其种到相同大小的花盆里，则需要切掉三成左右的根。

4 调整植株高度，栽种到新盆里

在略大一圈的新花盆里加入含基肥的培养土，放入植株（同时调整高度），加入培养土，最终要使土壤表面低于花盆边缘 2~3cm 左右。然后用小棍等工具轻戳土壤，使植株与土壤贴合得紧密均匀，最后浇水。

为植株翻盆——树木
蓝莓树

种植树木的大型盆栽在翻盆时，
如果不想换成更大的花盆，
可以选择切掉部分根部土球，
然后将其栽种到相同大小的花盆里。

1 侧切根部土球

将植株从花盆中取出，用锯等工具侧切其根部土球，两侧分别切掉六分之一即可（共计三分之一左右）。

2 轻轻梳理根部土球

用手指弄碎根部土球的上层土壤，注意不要伤到新芽。

3 栽种到同样大小的花盆里

在盆底铺土，放入植株，然后用土填埋根部周围。这一步需要将花盆稍稍抬起，时不时敲击地面，夯实土壤。注意要均匀铺土，然后充分浇水。

无法将植株从旧花盆里取出怎么办?

如下图所示，可以从旧花盆里的两个地方挖出部分旧土，然后填入新土。使用小棍等工具插入花盆，捣碎土壤，更有助于植物长出新根。

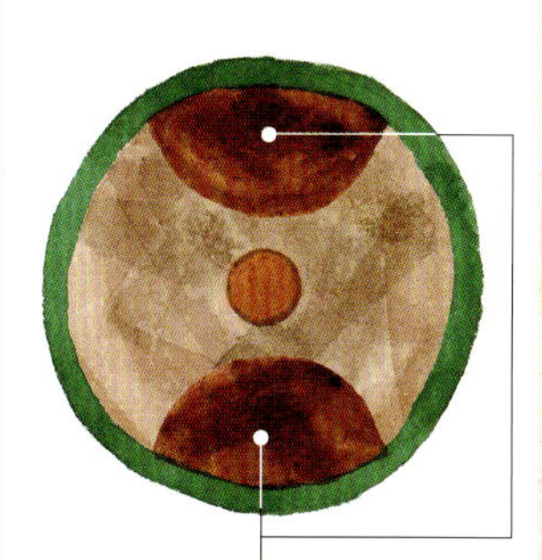

取出旧土，填入新土。

5 针对不同季节的应对措施

对于植物来说，阳台其实是一个非常严酷的环境。本部分将以夏季如何应对缺水和干燥环境为主，介绍不同季节的应对措施。

【夏季应对措施】

不要将花盆放置在发热的地面

阳台大多是水泥砂浆地面，储热性强，因此会产生辐射热。夏季的阳台地面，有时温度可达50℃以上。栅格围栏的阳台，地面温度更容易升高，需要格外注意。可以考虑在阳台铺上人工草坪、木地板、木板架等，让阳光照在上面，就会有效降温。此外，也可以在水泥砖块上搭一块木板，把花盆摆在木板上，也能够将花盆与高温地面隔离开来。

修剪，以减少植株体力的消耗

枝叶生长得过于茂盛，会使植株容易缺水，不耐闷热。如果枝叶与主干混杂在一起，则可以剪掉枝叶的三分之一至二分之一（修剪）。这样可以减少叶片水分蒸发，防止植株缺水。

不要在室外机附近放置花盆

空调室外机常有热风喷出，因此不要在附近放置花盆。除花盆外，也尽量不要在室外机旁边放其他东西，以保证其正常排放热气。

制作“双层花盆”或是将花盆聚集摆放，以防止花盆温度升高

夏季，花盆内温度容易升高，小花盆很快就会变得温热。而植物的根部已经适应了凉爽的土壤，高温的环境对其生长非常不利。此时，应将花盆移至通风、阴凉的地方。另外，可将花盆放入素烧陶器或是泡沫箱内，周围铺上浮岩等，使之成为一个“双层花盆”，可保持根部的良好状态。还可以把花盆集中放在通风良好的地方。

把花盆放入泡沫箱内，箱内铺上盆底石，防止箱内温度上升。箱底开洞，以保证排水。

将花盆集中摆放，枝叶可以互相形成阴凉，以防止花盆温度升高。不过，记得要选择一个通风良好、不闷热的地方。

合理使用肥料

在城市等地区，夏季夜间最低气温常常超过 25℃；受空调室外机排放热风影响，很多地方(如阳台）夏季夜间气温也很高。这样的环境里，植物消耗非常大。为了帮植物、花盆土壤及其周围环境降温，可以直接对着叶片浇水，或是在周围地面洒水。夜风拂过，水分吸热蒸发成水汽，可降低温度。对叶片浇水时，最好使用花洒式喷头。不过，有些重瓣园艺品种的花朵很娇嫩，直接接触水很容易受伤，因此浇水时需要特别注意。

↑如果使用自动给水装置，需要在离开家前先试一试，以掌握其给水量和使用方法。

家中无人时，要防止植物缺水

假期时，常会出现家中无人的情况，这时候要防止植物缺水，推荐使用自动给水装置。自动给水装置种类很多，简单一点的，只利用一个塑料瓶即可，不妨根据个人喜好挑选使用。如果种植的是喜水植物，还有一种叫作“腰水”的方法，也就是将花盆放在水盘中，让植物从盆底吸水。此外，还可以事先将植株翻盆至较大的花盆内，为其修剪。离开家前，最好提前进行小试验，掌握植物对缺水状态的忍耐程度。

所谓“腰水”，就是将花盆置于浅浅的水盘中，为植物供水，水位线大概距离盆底 1~2cm。注意需要将水盘和花盆置于没有直射阳光和风吹的地方。

使用遮阳网

遮阳网有很多种，合理使用遮阳网可以减少风吹日晒。不过，如果遮阳网被大风吹走，很容易导致事故发生，因此铺网时要对其进行固定，如将其绑在围栏的栅格或架子上。

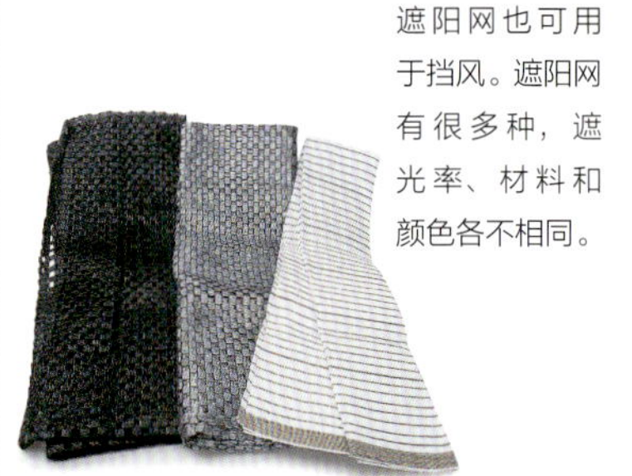

遮阳网也可用于挡风。遮阳网有很多种，遮光率、材料和颜色各不相同。

【冬季应对措施】

在表层土壤发干时浇水

冬天如果浇水不当，会导致花盆土壤上冻，伤害植物根部。浇水要等表层土壤干燥时，特别是要选择天气温暖的上午进行。有的植物地上部分已经枯萎，但如果持续缺水，依旧可能枯死。此外，从秋季开始，多肉植物等可贮藏水分的植物经常接受日照，冬季很容易缺水，其体内溶于水的成分浓度上升，不易上冻。

放在室外的花盆要注意防寒

如果有花盆不得不放在室外，那么可使用气泡塑料膜等其他捆包用塑料布、寒冷纱、硬纸板、毛毯等将其包裹起来。如果使用塑料布为植物防寒，则要注意为其留出一部分透气的空间，以免有时忘记为植物打开塑料布通风，而导致里面太闷。

小心北风和夜风

比起降温，冷风其实更容易使植物温度下降。天气晴朗时，辐射冷却效果明显，有些植物一旦离开屋檐，反而更容易因耐不住寒气而枯死。因此，冬季要将不耐寒的植物转移到能够躲避风霜的地方。

了解适合植物生长的温度

阳台四周被墙壁包围，但冬季依然很冷。根据原生地的差异，每种植物最适宜生长的温度也各不相同。很多植物无法忍受严寒，因此，我们需要事先了解所种植物耐受的温度范围。此外，还要多加留意天气预报，当最低气温低于植物能耐受的最低温度时，就要将其转移到室内了。

【下雨·台风应对措施】

下雨天也需要浇水

下雨天阳台地面也会有少许湿润，但与庭栽不同，阳台上的花盆能够接到的雨量十分有限。如果下雨天发现花盆表层土壤湿润，也不能掉以轻心，还是要注意为其补水。

梅雨和多雨季节要避免闷热

霉菌会导致发生多种植物病害，如灰霉病、白粉病、黑斑病（详情请参考第63页）。雨水多的天气容易过度潮湿，滋生霉菌，引起病害。此时应注意修剪生长过剩的枝叶，并将植物转移到通风良好的地方。

台风过境后需要注意

台风过境后，天气转晴，气温上升。澄澈的天空会导致紫外线变强，不耐日照的植物需要格外注意。此外，台风登陆导致的暴风雨会为近海地区带来大量盐分，这些盐分残留在叶片上会对叶片造成伤害，因此需要用水将盐分清洗干净。

台风前转移花盆

台风会带来强风，特别是住宅楼的高层住户，感受到的风会更加猛烈，因此需要将平时放在架子上的花盆转移到地上，平时放在地板上的花盆可以转移到室内的墙边。有的植物很容易被吹倒，不妨事先将其放倒固定。

专栏 COLUMN

通过关键词学习栽培技巧

【摘花头】

摘花头就是将凋谢的花头摘下。植物开花后，为了孕育种子，会消耗很多能量，这样也会导致下一茬花开花延迟或是无法开花。如果不需要采集种子，那么在花谢后就要及时将花头摘下。不仅是花瓣，包括花梗也要一同摘下。

【回剪】

如果植物长得形状杂乱，或是枝叶混生在一起，透气性不好，可以将植株的茎叶剪短，这便是回剪。花期较长的花，回剪后，植株可以自我更新，甚至可以开出第二、三茬花。回剪时，可剪掉横长出来的枝叶，以及上部的枝叶，大概留下整个植株的三分之一左右即可。

【摘心】

摘心是指摘掉枝茎顶端嫩芽，也就是摘掉顶芽，以帮助下方腋芽生长，这样可以促进枝茎分化，增加其数量。罗勒、薄荷等香草植物亦是如此，采收时需要留意腋芽位置，摘掉顶芽，这样叶子的数量也会随着枝茎一同增加，一株植物也能够收获很多。

【修枝】

修枝就是对树木的枝干进行形状整修。修枝不仅仅是为了让树形美观，还可帮助植物开花结果。根据植物种类和修枝目的，修剪树枝的方法也不尽相同，请事先查询所种植物适合修枝的时期和方法。

专栏 COLUMN

了解植物的常见病虫害

灰霉病

发生　4—11 月。常见于梅雨季节等多湿天气时期。

症状　花瓣出现小斑点、病斑，叶片、叶柄出现灰色霉点。

白粉病

发生　4—11月。初夏、初秋较多见，常见于降雨较少、持续阴天、凉爽干燥天气时期。

症状　叶片和新芽出现面粉状的白色霉菌。

介壳虫

发生　全年。

危害　介壳虫种类很多，有的种类小小的，形似贝壳，出现在树干上；有的被蜡质覆盖；有的很小，如白色粉末一般。

黑斑病（月季的主要病害）

发生　5—7 月、9—11 月。孢子通过风吹雨打传播，常见于多雨天气时期。

症状　叶片出现斑点状病斑，叶片枯黄甚至掉落。

叶螨类

发生　5—11 月。常见于梅雨期结束后，气温高且干燥天气时期。

危害　叶片背面生出微小的虫子，吸食叶片汁液。叶片表面覆有白点，叶片整体发白且粗糙。

煤污病

发生　全年。蚜虫和介壳虫的排泄物带来霉菌，因而滋生。

症状　叶片发黑，看起来很脏，虽然没有枯萎，但很难进行光合作用，影响植株生长。

蚜虫

发生　主要集中于 4—11 月（有的种类也会在冬季出现）。有时夏季会减少，但秋季还会增加。

危害　成虫和幼虫会吸食新芽、花朵等植物全身的汁液，影响植物生长。

炭疽病

发生　4—11 月。常见于日照、透风不佳，气温在 22~23℃，空气中湿度较高的天气时期。

症状　叶片上出现圆形褐色斑点状病斑，时间长了会形成一个空洞。

如果出现病虫害

如果是霉菌性、细菌性的病害，可能会通过孢子传播。如果再次发病，可根据病状喷洒适用药剂。夜蛾的幼虫和山蛞蝓白天躲在土壤里，夜里才会出来活动。喷洒一些残效性药剂可以驱虫，不过最好对植物进行观察，以便找出真正的“犯人”。

仔细观察植物，尽早发现病虫害

平时要对植物进行细致的观察，发现少量害虫就进行捕杀，发现部分出现病状就将其剪掉。不卫生的环境下，植物很容易出现病虫害，因此日常清洁非常重要。近年来，青铜异丽金龟子（*Anomala albopilosa*）的幼虫增多，它们会啃食植物根部。夏季要注意，防止青铜异丽金龟子的成虫进入花盆内。

阳台园艺所面临的难题及注意事项

土壤的处理是阳台园艺的一大难题

在院子里种盆栽，可以将花盆里的旧土撒到院子里，不过在阳台上种植就没有这么方便了。在日本，旧的花盆土壤可否当作垃圾处理，取决于各个地区的具体规定，可事先向自己所在地区的相关部门进行咨询。其实，这些土壤也是非常重要的资源，不妨考虑循环利用。不过，通常处理掉盆内植物后，还会有枯根、枯叶残留在盆内，这些正是病害的源头。另外，旧的土壤被弄碎后，土粒很细，排水和透气性变差了。如果想再次利用这些旧土，可以去除土壤中的垃圾和细土，放在阳光下接受日晒，使其温度升高，闷蒸内部，以除掉其中残留的微小害虫及病菌。

土壤再利用的方法

1

过筛

选择网眼小的筛子，为土壤过筛，筛子上残留的大粒土壤可进行再利用。

去除枯根和垃圾

下面都是小颗粒的细土

● 可将细土铺在水盆里，加水种植一些水边花草，如睡莲、日本萍蓬草、泽泻、水稻等。

2

晒干

在没有风的天气里，将土壤摊开，在阳光下晒干。也可将其放入黑色塑料袋内，封口，放在烈日下闷蒸。长时间的蒸晒可以帮助土壤杀虫杀菌。

3

加入循环材料和肥料

在干燥的土壤中加入循环材料、土壤改良材料及肥料，混合均匀即可。

※ 取出土壤的旧花盆不要直接使用，需要清洗内外后晾干再使用。

● 什么是循环材料和土壤改良材料

循环材料和土壤改良材料指的是将腐叶土及植物必需的矿物质、肥料等配制在一起的材料，使用时请参考包装袋上的说明。

专栏 COLUMN

阳台工作原则及安全措施

多用户集中居住的公寓楼阳台属于公共空间

日本多用户集中居住的公寓楼，阳台是公共空间，放置有避难器具，也是紧急时刻的避难通道和消防救助通道。因此，使用阳台时，不要挡住避难梯的升降空间，也不要在楼上房间的避难梯下降口及与隔壁邻居的间隔墙附近放置任何物品。另外，还要为阳台留出充足空间，避免阳台在充当紧急通道时太过拥挤。每个公寓楼对此都有自己的规定，也请提前确认自家公寓楼的管理条款。

注意不要让花盆伸出阳台围栏

不要把花盆放在紧挨围栏的地方，也不要把花盆悬吊在围栏外侧，这在大风天时非常危险，花盆很可能坠落。摆放花盆时，要特别注意位置和方向，避免其从阳台落下。

如果家里有小朋友，则需要特别注意阳台的围栏

如果家里有小朋友，则需要注意阳台的围栏附近，特别是有的人家会在围栏旁放小矮架，小朋友可能在大人不注意时爬上去，甚至从阳台坠落。在阳台围栏附近最好不要放置物品，或者想办法不要让小朋友靠近围栏。

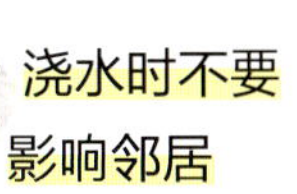

浇水时不要影响邻居

为悬吊的植物浇水时，可能会影响邻居或是弄脏楼下阳台晾晒的衣物，因此请先将花盆取下，放在地上浇水。此外，用清水冲刷阳台时，最好先用扫帚和簸箕清理尘土和垃圾，以防混有泥土的脏水影响邻居家的排水口。

勤打扫

浇水时可能会有少许土壤从花盆里溢出，切记不要让其堵住花盆的排水口。此外，花盆周围的落叶也需要定期清扫。可以提前用网布盖住排水口，这样清扫起来会比较方便。保持阳台的清洁，也能为植物提供一个干净卫生的生长环境。

提前考虑公寓楼可能会面临改装的问题

住在集中式公寓楼里，有时会遇到公寓楼改装的情况。这时候需要我们暂时移动植物，整理阳台，事先做好准备为妙。

OUDOLF
HUMMELO

绿色阳台

人气园艺商店 SOLSO FARM 提倡人与植物和谐共处。那么对于阳台园艺，SOLSO 都有哪些创意呢？我们邀请 SOLSO，实际打造了一个绿色野趣风的公寓阳台。

当人与建筑物、植物形成平等关系时，
独创的空间也随之诞生。
阳台也好，植物也好，
都应该是生活的一部分。
各自的生活，
各自的阳台。
用绿色装点生活，
每天都会心情愉悦。

SOLSO FARM

位于日本神奈川县川崎市的园艺商店，既出售植物及园艺小物，同时也承接公共空间、个人住宅等各种环境的植物景观设计、施工业务。SOLSO 很重视生活与植物的关系，并据此提出了许多园艺创意。

进行园艺设计，

最关键的不在于根据环境选择植物，
而是应当思考我们究竟追求的
是怎样的生活。
不妨问问自己，想要度过怎样的时光，
又希望哪些植物陪伴在身旁呢？

负责这次阳台园艺案例的是 SOLSO FARM 的诸冈女士。诸冈女士平时负责店铺及农场的管理工作，也会参与各类施工。“SOLSO FARM 的目标不是成为人们购物时的标杆，我们更希望顾客可以在我们的农场里实际体验和感受植物的美好，进而帮助他们打造适合自己的园艺空间。”

阳台园艺亦是如此。诸冈女士认为，除了寻找适合阳台条件、环境的植物外，更重要的是要明确自己想要追求怎样的生活，希望哪些植物陪伴在身旁。

“很希望能让大家感受到与植物共同生活的幸福感。”

第一步，先从种植自己心爱的植物开始。“不要把植物当成房间里的装饰品，而是要在人与植物、建筑物间建立平等的关系，让彼此融为一个整体空间。”

负责这次阳台园艺案例的
是 SOLSO FARM 的管理人
诸冈和惠

在“芬芳花园”的阳台上，度过一个愉快的休息日

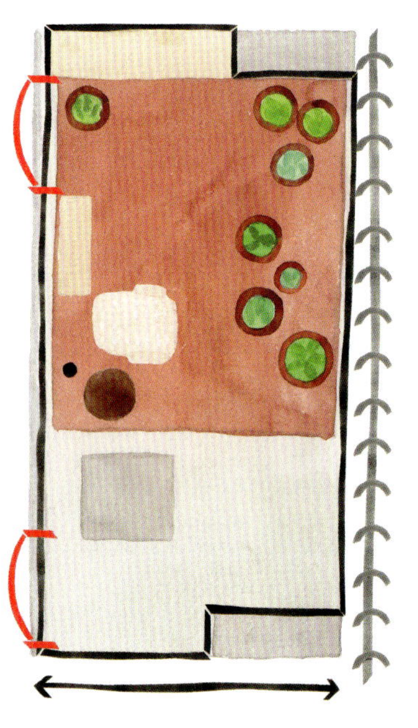

诸冈女士的方案

阳台朝外右侧门附近有避难梯下降口，因此周围作为避难通道，没有放置任何物品，只用来平日晾晒衣物。向左延伸的空间里则铺上了地垫，摆满了植物。

首先，诸冈女士确定了这个阳台的主题——芬芳花园。“阳台以香草植物为主，这是因为香草植物大多生命力顽强，即便是新手也很好养活，收获后更是可以用作烹调或是茶饮。香草植物繁殖能力很强，如薄荷，相比庭栽，盆栽更加便于管理。选择一些花朵美丽的和叶子形状可爱的香草植物，搭配在一起，非常好看。浇水时轻轻触碰还能闻到香气，令人神清气爽。”

“不过阳台园艺并不是将植物罗列在一起，我们更需要的是打造一个能令人身心放松的休闲空间。于是我还在阳台放了桌椅。养护植物的时候，还可以摘几片叶子，泡一杯香草茶，坐下来读读书，在这样绿意盎然的阳台，度过一个愉快的休息日。”

←花朵美丽、气味芳香的薰衣草，也可用来制作干花和百花香。

注：百花香是将有香气的花、叶等干燥后混合而成的一种室内香。

→
新鲜叶片冲泡的香草茶味道别具一格，尤其还是自己亲手种植的，更显意义独特。

在阳台上放一把椅子，感受太阳和风，欣赏绿色的植物。坐在椅子上，人的视线也会发生变化，与植物更加亲近。

→
薄荷繁殖能力强，注意不要和其他香草植物种在一起。时常修剪可以使薄荷枝叶繁殖，也可以收获更多。

铺上地垫，摆上家具，阳台便成了起居室的延伸

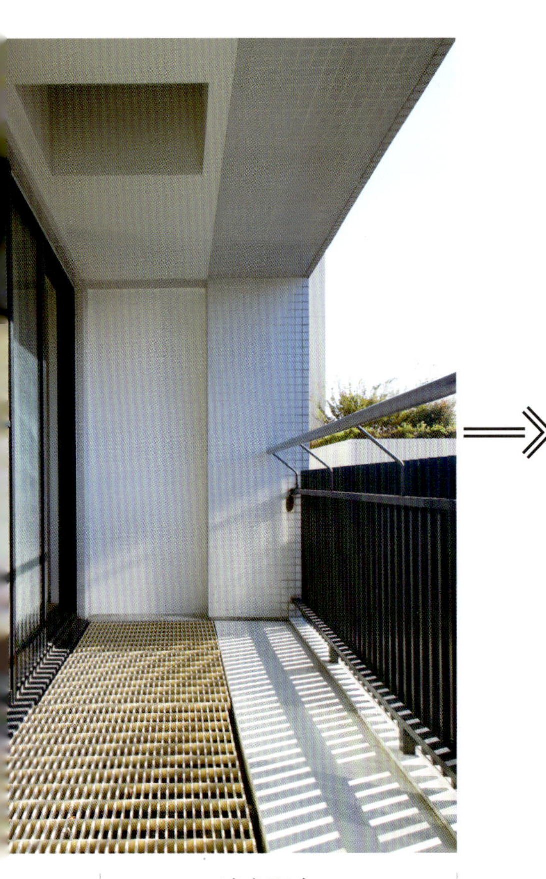

清空阳台，
开始园艺种植的第一步！

在阳台地面铺上地垫，
摆上书架和支撑杆。

阳台园艺的第一步从地面开始。每家每户的阳台地面材质各异，诸冈女士选择将剑麻质地的垫子直接铺在地上，这种做法听起来有点不可思议，不过她解释道："剑麻是一种天然材料，这和铺木格架子是一样。"脚踏在地垫上的触感非常舒服，仿佛走在起居室一般。

"浇水或是下雨时地垫可能会淋湿，不过很快就会自然干燥。时间久了，这种剑麻地垫还会带有独特的韵味。周末，可以在上面再铺一块平织毯作为装饰，如基里姆地毯。"

诸冈女士还将阳台侧墙的凹陷处和屋檐下的区域利用起来，安装了木制架子，用来摆放小花盆和园艺工具。此外，她还为阳台安装了灯具，即使是夜幕降临，也不妨碍她享受阳台时光。

"在墙角，我专门安置了一些比较高的树木。摆放花盆时，要注意纵观阳台整体环境，考虑视觉上的平衡。"

将比较高的树木收在书架旁的角落里。

选择一个可以总览阳台植物的角落，放置桌椅。面前种植的是香草植物。

根据个人喜好，
将植物、桌椅等搭配在一起。

墙边设有收纳区域，可以放小花盆和小工具。

↓光脚踏在垫子上非常舒服。

在心爱的花盆里栽种植物，装点阳台。用心摆放花盆，挑选装饰物，将阳台打造成独具个性的空间。

用心挑选和摆放花盆

摆放花盆的小技巧：高度相当的花盆不要单纯并排摆放，可以将其中一个放在小台子、小椅子上，制造高低差，视觉上更加美观，还能帮助植物更好地接受日照。

左 / 百里香

SOLSO 主张将小物件随意摆开，保持其原本的样子。使用铁皮篮子或喷壶作为花盆外罩，也令盆中稀松平常的香草植物风格一变。

前 / 迷迭香

选择花叶美丽又香味芬芳的植物

到手香的叶子像多肉植物一样，样子可爱，还具有类似薄荷的清新香气。香草植物也分为很多种，叶子形状各不相同。

右下 / 到手香

左下 / 柠檬马鞭草

后 / 薄荷

还可以选择花色鲜艳的香草植物，以及可以结果的植物。上图近处是花谢后的玫瑰茄，萼片可用来制作果酱和茶。

前 / 玫瑰茄

后 / 薰衣草

在阳台入口附近摆放有香味的植物，每次经过都闻到阵阵芬芳。柠檬香桃的叶子触碰后会散发柠檬味的清香，脚边的薄荷同样清新迷人。

左 / 柠檬鳞子

右 / 柠檬香桃叶

前 / 薄荷

巧用阳台支柱进行悬吊

灵活运用支撑天花板与地板的支柱，可以挂一些常用工具，既能提高工作效率，也能激发工作热情；还可以悬吊一些藤蔓植物。

在花瓶中插入干花或鲜切花

将阳台上收获的花或香草植物剪下插入瓶中，或是晒成干花进行装饰。如果没有花瓶，也可以利用水罐或是小喷壶等容器。

放置桌椅

在阳台上放置略带古味的桌椅，与自然风的地板搭配在一起相得益彰，也为阳台打造出一个休闲的角落。

将心爱的园艺工具收纳起来，同时也是一种装饰

将工具放在便于拿取的地方。与其把它们“藏”在箱底，不如把能挂起来的工具悬挂起来，更能唤起人们的工作热情。用于清扫的物品更要放在目力所及的地方。

阳台园艺植物指南

想要在阳台上种植植物，要事先考虑植物的大小，以及位置、日照等生长环境，选择与自己的生活方式相符的植物。本部分将介绍几种适合在阳台上种植的植物，可作为您挑选植物时的参考。

龙舌兰（多肉植物）

Agave

→
P. 92

可以种在小花盆里的植物

细茎石斛

Dendrobium moniliforme

分布：宫城县松岛以南的日本各地

生命力顽强的野生兰花，附生兰的一种，品种很多。在阳台种植时最好将其置于离地 70cm 以上的架子上，同时要保证良好的日照和通风。细茎石斛根部喜欢空气，因此要等盆内完全干透时再为其补水。可使用素烧盆栽种，也可让其附生在蛇木（桫椤）上生长。深秋至春天，细茎石斛会进入休眠期，要尽量少浇水。一般在 5 月开花。

适宜翻盆期：3 月中旬，此时无须担心土壤上冻，同时正值 4 月根部萌生前。

羽蝶兰

Ponerorchis graminifolia

分布：日本（关东地区以西）、朝鲜半岛

球根性野生兰花，主要生长在岩壁上或石缝里，在阳台种植时最好将其置于离地 70cm 以上的架子上，同时要保证良好的日照和通风；开花时（6 月）可移至半背阴处。羽蝶兰根部不喜欢过高的湿度，因此要等盆内较为干燥时再为其补水。同时，也要注意防止因土壤湿度过高导致菌类滋生，腐蚀植株。秋天至初春，羽蝶兰会进入休眠期，要尽量少浇水。

适宜翻盆期：3 月中旬，此时无须担心土壤上冻，同时正值萌芽前。

雪割草

Hepatica nobilis var. *japonica*

分布：日本（关东地区以西）

早于其他花草开花，是一种原生于树林中的野草，品种多，生命力顽强。种植雪割草需要注意保持空气湿度。初夏，雪割草新芽成形，比较喜欢半背阴的凉爽地带；而落叶时则需要将其移至向阳处，同时要注意避开北风。朝南的阳台非常适合雪割草进行光合作用。花期为 2—3 月，有时会因菌类侵蚀根部而发生枯萎现象，种植前最好事先学习相关知识。

适宜翻盆期：花谢后的 10 月。

石莲花

Echeveria

分布：墨西哥高原地区

石莲花类植物的叶子像花瓣一样重重叠叠，大多生长在一般植物难以生存的环境中，例如干燥地区或是岩石上。在阳台上种植石莲花类植物，应保证其接受良好日照和通风，冬天则移至不会上冻结霜的地方。石莲花类植物不喜欢过高湿度，根部喜欢空气，因此要等盆内完全干透时再为其补水。

适宜翻盆期：3 月中旬开始，直至 9 月左右都无须担心土壤上冻。

蒂比（Tippy）

多多（Dondo）

小型仙人掌

Cactaceae

分布：墨西哥高原地区

这类植物喜欢日照和通风良好的地方，但多数品种不耐湿润和雨水，因此要注意避雨，同时保证日照，等盆内完全干透时再为其补水。有些极小型品种，如姣丽球等，可以多株混栽在一起。注意预防介壳虫侵蚀根部。

适宜翻盆期：3 月中旬开始，直至 5 月左右都无须担心土壤上冻。

姣丽球（*Turbinicarupus*）

大雪滴花（G. elwesii）

雪滴花

Galanthus

分布：欧洲至地中海沿岸、黑海沿岸

球根植物，适合朝南阳台种植。落叶时可移至向阳处，同时要注意避开北风；初夏时则需移至半背阴处。多在秋季开始生长。为了保证根部生长，在新芽萌发前，一定不要忘记浇水，进入休眠期后则无须浇水。1—3 月开花。

适宜翻盆期：叶子落完、休眠期前半段时。

睿山堇菜（V. eizanensis）

堇菜

Viola

分布：冷温带地区

堇菜种类繁多，值得收集。一般将其置于离地 70cm 以上、日照和通风良好的地方。堇菜根部不喜欢高温高湿的环境，夏季易腐烂，因此要特别注意保证花盆排水良好。一般需要等盆内完全干透时再为其补水。3—5 月开花。

适宜翻盆期：春季花谢后，如果可能，最好每年都翻盆一次。

迷你盆栽（如楸子等）

分布：中国（楸子）

迷你盆栽花盆小，容易缺水，因此需要每天对其进行观察和悉心照料。不过，很多品种的迷你盆栽生命力顽强，缺水也能继续生长。在阳台种植时最好将其置于离地 70cm 以上、日照和通风良好的地方。另外需要注意施肥方式，这也是影响盆栽开花结果的关键因素。

适宜翻盆期：各品种有所不同，基本是在 3 月左右，新芽萌发前。

楸子（*Malus prunifolia*）

附生兰

（如变色龙卡特兰等）

分布：巴西南部等地

在阳台上一般悬吊种植，置于日照和通风良好处，夏季则移至半背阴处。附生兰根部喜欢空气，因此要等盆内完全干透时再为其补水。低温时，可对叶片喷水，或打湿土壤表面，保证其能够立刻干燥，以避免根部腐烂。只要在生长期间注意补水施肥，精心管理，附生兰就会开花。

适宜翻盆期：如无取暖，则应在 4 月中旬以后，此时气温稳定，同时正值新芽萌发前。

变色龙卡特兰（*Cattleya walkeriana*）

霍恩的惊喜（*P.*'Horn's Surprise'）

奥斯塔拉凤梨（*G.*'Ostara'）

鹿角蕨

Platycerium

分布：热带地区

在阳台上种植时，一般将其固定在墙面，置于半背阴处，可悬吊，也可让其附生在蛇木板上。多数品种耐寒，可抵御的最低温度为 10℃左右。低温期需要让土壤尽量干燥。不过，如果通风不好，盆内过于干燥，很容易出现介壳虫。温度变化较大的地区，冬季可将其移至室内。

适宜翻盆期：如无取暖，则应在 5—8 月气温较高的时候进行。

果子蔓

Guzmania

分布：广泛分布于中南美洲

果子蔓花穗很长，颜色鲜艳。在阳台上种植时，一般将其固定在墙面，置于半背阴处，可悬吊，也可让其附生在蛇木板上。果子蔓吸收叶缝隙积存的水分，因此可对着筒状叶间隙浇水。冬季最好将其移至有蕾丝窗帘保护的温暖室内。

适宜翻盆期：一旦生出侧芽，植株就会长得很大，因此应在叶片数量充实、子株与母株大小相同时尽早将其切下。5—9 月时移栽。

铁兰

Tillandsia

分布：广泛分布于中南美洲

在阳台上种植时，一般将其固定在墙面，置于日照和通风良好处，可悬吊，也可让其附生在蛇木板上。夏季需移至凉爽的半背阴处。耐干燥，但非常喜水，可以对其大量喷雾补水。温暖的时候还可以将其浸泡在水中置于向阳处。

适宜翻盆期：可等叶片数量充实，子株与母株大小相同时将其切下，进行分株。5—9月时移栽。

全红精灵（*T. ionantha* 'Rubra'）

松萝凤梨（*T. usneoides*）

仙人指

Schlumbergera

分布：巴西里约热内卢州

附生植物，一般生长在树上，根部喜欢空气。在阳台上种植时，一般悬吊，置于日照和通风良好处，夏季则移至凉爽的半背阴处。要等盆内完全干透时再为其补水。低温时，可对叶片喷水，或打湿土壤表面，保证其能够立刻干燥，以避免根部腐烂。生长期管理得当即可开花。

适宜翻盆期：如无取暖，则应在4月中旬以后，此时气温稳定，同时正值新芽萌发前。

三色堇

Viola

分布：以分布在欧洲的三色堇（小花品种）为主的杂交品种

一年生草本植物，花期为 9 月至次年 5 月，喜阳光，一般置于可接受半天以上日照且通风良好处。开花期间注意补充肥料，浇水要等表层土壤完全干透后进行。花谢后会结种子，可将花头摘下，阻止种子的生成，以维持植株活力。很容易受到蚜虫和毛虫侵害，需格外小心。

三色堇 F1 薇薇系列“橙色恶魔”

三色堇 F1 自然系列“玫瑰”

矮牵牛

Petunia × hybrid

分布：巴西、乌拉圭

一年生草本植物，也有多年生品种，花期为 5—11 月，喜阳光，一般置于可接受半天以上日照且通风良好处。开花期间注意补充肥料，避免高温高湿导致闷热不透气。花谢后会结种子，可将花头摘下，阻止种子的生成，以维持植株活力。浇水要等表层土壤完全干透后进行。

矮牵牛冲击波系列（*P. patagonica* Shock Wave Series）

天竺葵

Pelargonium Zonal Group

分布：南非

多年生草本植物，花期为 4—7 月与 9—11 月，喜阳光，一般置于可接受半天以上日照且通风良好处。不喜欢高温高湿或过度湿润的环境，因此要选择一个避雨的地方。浇水要等盆内土壤完全干透后进行。不耐寒，冬季缺水时耐寒性会有所提升，气温过低时应移至室内，避免上冻。

适宜翻盆期：9—10 月。

展柜系列“粉色眼睛”

阿魏叶鬼针草『黄金眼』（*B. ferulifolia* 'Golden Eye'）

马缨丹

Lantana camara

分布：中南美洲

灌木，花期为 3—11 月，喜阳光，一般置于可接受半天以上日照且通风良好处。浇水要等盆内土壤完全干透后进行。不耐寒，冬季要保持其所处环境气温不低于 5℃。气温过低时应移至室内，避免上冻。病虫害较少，生命力顽强，生长旺盛，根部易交错在一起，因此最好每年都进行一次翻盆。

适宜翻盆期：4 月。

阿魏叶鬼针草

Bidens ferulifolia

分布：美国南部至中美洲

花期为 3—4 月，气温足够温暖时也会在冬季开花。非常喜欢阳光，一般置于可接受半天以上日照的地方。不喜欢高温高湿或过度湿润的环境，因此要选择一个避雨的地方。浇水要等盆内土壤完全干透后进行。有的品种可以忍受 -5℃左右的低温，不过大部分品种不耐寒，冬季需要特别注意。

适宜翻盆期：3—4 月。

蓝莓

Vaccinium

分布：北非

花期为4月，收获期为7—8月。蓝莓授粉很难自己完成，需要通过昆虫传粉。要想结果，则需要栽种2棵以上不同品种的植株。使用毛笔蘸取花粉，涂抹在其他花的花蕊上，这种人工授粉的方式也能帮助蓝莓提高产量。喜阳光，一般置于可接受半天以上日照的地方。根部不耐旱，不过土壤滞水也会伤害根部，因此最好不要使用水盘，同时应注意水分管理。

适宜翻盆期：3—4月、10月。

蓝莓“布里吉塔”（*V. corymbosum* 'Brigitta'）

南高丛蓝莓“夏普蓝”（*V. corymbosum* 'Sharpblue'）

柠檬

Citrus × limon

分布：印度（喜马拉雅山脉地区）

适合在日本关东以南的温暖地区种植，花期为 5 月、7 月、9 月，收获期为 10—12 月。一般置于可接受半天以上日照且通风良好处。喜水，表层土壤干燥时即可足量浇水，直至有水从盆底流出。可自己结果，无须人工授粉。柑橘类植物要小心凤蝶幼虫、蚜虫、介壳虫等虫害。

适宜翻盆期：3—4 月。

温州蜜柑

Citrus

分布：日本（鹿儿岛）发现的杂交品种

花期为 5 月，收获期为 12 月至次年 1 月。喜阳光，一般置于可接受半天以上日照且通风良好处。将枝条稍稍下压至侧面，可以让植株开花更多，更容易结果。可自己结果，无须人工授粉。柑橘类植物要小心凤蝶幼虫、蚜虫、介壳虫等虫害。

适宜翻盆期：3—4 月。

欧洲甜樱桃

Cerasus avium

分布：中东至欧洲地区

花期为 4 月，收获期为 7—8 月。很多品种很难自己完成授粉，需要通过昆虫传粉。要想结果，则需要栽种 2 棵以上不同品种的植株。使用毛笔蘸取花粉，涂抹在其他花的花蕊上，这种人工授粉的方式也能帮助樱桃提高产量。根部难以忍受过湿环境，因此栽种时要选择排水性好的土壤。一般置于排水及通风良好处。

适宜翻盆期：3 月。

可以用于烹调的植物

～香草等～

迷迭香

Rosmarinus officinalis

分布：地中海沿岸

灌木，一般置于可接受半天以上日照且通风良好处，在背阴的地方也可以生长。难以忍受过湿环境，因此栽种时要选择排水性好的土壤。表层土壤干燥时即可足量浇水。初夏和秋季可进行回剪。生长旺盛，根部容易交错，最好每年翻盆一次。花期为 11 月至次年 5 月。

适宜翻盆期：3—4 月。

普通百里香

Thymus vulgaris

分布：欧洲南部

灌木，一般置于日照、通风良好处，在背阴的地方也可以生长。难以忍受过湿环境，因此栽种时要选择排水性好的土壤。表层土壤干燥时即可足量浇水，冬季要注意保持干燥。初夏和秋季可进行回剪。普通百里香生长旺盛，根部容易交错，最好每年翻盆一次。花期为4—6月。

适宜翻盆期：3—4 月。

意大利欧芹

Petroselinum crispum var. *neapolitanum*

分布：地中海沿岸东部

灌木，一般置于可接受半天以上日照且通风良好处，在背阴的地方也可以生长，夏天则要将其移至背阴处。收获一次后植株会变弱，因此摘取时要给每个植株留 10 片左右的叶子。初夏长出花茎，但一旦开花，会减缓植株生长，因此应当尽早将花头摘下。花期为 6—7 月。

适宜翻盆期：4—5 月、9—10 月。

月桂

Laurus nobilis

分布：地中海沿岸

乔木，适合在日本关东以南的温暖地区种植，一般置于日照、通风良好处。生命力顽强，但难以忍受过湿环境，因此栽种时要选择排水性好的土壤。如果在寒冷地区种植，冬季则应将其移入室内。生长旺盛，根部容易交错，最好每年翻盆一次。要小心介壳虫等引起的煤污病。花期为 4—5 月。

适宜翻盆期：5 月。

罗勒

Ocimum basilicum

分布：印度、亚洲热带地区

一年生草本植物，一般置于日照、通风良好处。不耐干，要防止环境过于干燥。可摘取顶芽，促进腋芽萌发，能促进枝叶生长，增加收获量。在生长阶段，每月施 3、4 次液体肥料，代替浇水，可促使植株变得繁茂。开花会使植株变弱，应尽早将花苞摘下。花期为 7—10 月。

北葱

Allium schoenoprasum

分布：北半球温带至寒带地区

二年生草本植物，一般置于日照、通风良好处。不耐高温高湿，夏季应置于通风处，如架子上。冬季，地上部分全部枯萎，但地下部分仍在生长，要防止土壤太过干燥。当叶片数量充实，就可以摘取了。割掉植株顶端向下三分之二的部分，余下的植株还会再次长起来。花期为 5—7 月。

适宜翻盆期：4—5 月、9—10 月。

可在背阴处生长的植物

白妙

虾脊兰

Calanthe discolor

分布：日本（东京都御藏岛、神津岛、新岛）、朝鲜半岛、中国

多年生草本植物，需要种植在排水较好的土壤里，因原生于树林里，所以种植时要注意保持适当的空气湿度。落叶时则应移至避开北风位置。喜欢没有强光照射的背阴地带，但在太过阴暗的环境下也不会开花。有的品种喜欢在温暖地带生长，如伊豆虾脊兰。如果所处地区冬季气温低于5℃，则需要将其移至无取暖、明亮的室内。花期为4—5月。

适宜翻盆期：花谢后立刻进行，或11月。

寒兰

Cymbidium kanran

分布：日本（本州中部以南的温暖地区）

多年生草本植物，香气迷人，生长在西日本温暖的树林里。寒兰比较适合阳台种植，但略有难度，是日本极具代表性的兰花。喜欢没有强光照射的背阴地带，但在太过阴暗的环境下也不会开花。表层土壤干燥时即可浇水。冬季过于干燥时可能出现病害。花期为11月。

适宜翻盆期：3月。

万年青

Rohdea japonica

分布：日本（本州南部）、中国

多年生草本植物，四季常绿，因此得名“万年青”，在日本一直就是庆祝乔迁之喜时的馈赠佳品。万年青品种很多，因原生于树林里，所以种植时要注意保持适当的空气湿度。落叶时则应移至温暖避开北风的地方。气温可达0℃以下的地区，则要注意冬季将其移至低温明亮的室内。

适宜翻盆期：3—4月、9—10月。

条纹狮子

翡翼柱（*Cereus hildmannianus*）

二岐芦荟（*A.dichotoma*）

仙人掌

Cactaceae

分布：巴西南部至阿根廷

喜阳光，一般置于可接受半天以上日照且通风良好处。难以忍受高温高湿或过分湿润的环境，因此要注意避雨。要等盆内完全干透时再为其补水。多数品种不耐寒，冬季缺水时耐寒性会有所提升，也可考虑将不耐寒的品种移入室内。

适宜翻盆期：3月、9月。

芦荟

Aloe

分布：非洲、马达加斯加

品种丰富，有的叶子小巧，长度不超过5cm，有的则可以长到10cm以上。初春前后会开出橘黄色花朵。喜阳光，一般置于可接受日照的温暖处。难以忍受高温高湿或过分湿润的环境，因此要注意避雨。冬季缺水时耐寒性会有所提升，气温降至0℃以下时可将其移入室内。

适宜翻盆期：5—6月。

非洲铁

Encephalartos

分布：南非

与恐龙同时代的植物，也被称作活化石，充满了远古风情。喜阳光，一般置于可接受半天以上日照且通风良好处。难以忍受高温高湿或过分湿润的环境，因此要注意避雨。浇水一般集中在春秋两季，要等盆内完全干透时再为其补水。夏冬季节尽量少浇水。

适宜翻盆期：4—6月。

蓝非洲铁（*Encephalartos horridus*）

适合在凉爽地区种植的植物

大丽花

Dahlia pinnata

分布：墨西哥、危地马拉高原地区

球根植物，品种丰富，大小不一。一般置于日照、通风良好处。夏季需要避开过分湿润的环境，置于阴凉处。花谢后断水，晾干，以保证花盆不会上冻，也可以挖出植株，将球根保存在不会上冻的地方。花期为7—10月。

适宜翻盆期：4月左右，确认不再上冻后即可栽种球根。

倒挂金钟『土星』（*F.* 'Saturnus'）

倒挂金钟

Fuchsia

分布：中南美洲高原地区

灌木，花朵高雅，且向下绽放。一般将其置于离地70cm以上、日照和通风良好处。不耐高温高湿，夏季应移至通风良好、光线充足的背阴处。寒冷天气会落叶，然后进入休眠状态。冬季应移至不会上冻的地方。生长旺盛，根部容易交错，最好每年进行一次翻盆。花期为4—10月。

适宜翻盆期：4—5月。

球根秋海棠

Begonia Tuberhybrida Group

分布：南美洲安第斯山脉

球根植物，花朵很大，精致而美丽。环境不同，其生长状态也会有所变化。喜欢日晒，但适宜的生长温度为18~25℃。不耐高温高湿，夏季应移至通风良好、光线充足的背阴处。花期为4—7月、10月。

适宜翻盆期：3—4月。

适合在炎热地区种植的植物

蝴蝶兰『茶茶』（*Phalaenopsis* 'Chacha'）

洋兰
（卡特兰、蝴蝶兰等）

分布：东南亚至大洋洲的热带、亚热带地区

洋兰多为附生品种，根部喜欢空气，因此要等盆内完全干透再为其补水。一般将其置于离地 70cm 以上、日照和通风良好的地方。有的品种，如卡特兰，叶片根部长有贮存养分的“气泡”；有的品种，如蝴蝶兰，则没有这些“气泡”。相比之下，前者大多在旱季休眠，然后再开花。洋兰的种类非常多，几乎一年四季都有不同品种的洋兰盛开。

适宜翻盆期：花谢后，新芽萌发前。

鸡蛋花
Plumeria

分布：中南美洲、加勒比海沿岸热带地区

灌木，花朵香气迷人，在夏威夷也被用于制作花环。需要接受充足的日照才能开花。一般将其置于日照和通风良好的温暖的地方。要等盆内完全干透再为其补水，避免盆内过分湿润。整个植株均有毒，切开枝叶时会流出白色乳液，要避免误食。花期为 6 月至次年 1 月。

适宜翻盆期：4—6 月。

凤梨
Bromeliaceae

分布：巴西、非洲热带地区

凤梨科植物有的为地生类，可生长在岩石上，如雀舌兰、姬凤梨；有的则为贮水类，在筒形叶缝间贮水，如松塔凤梨、彩叶凤梨。两者都非常喜欢光、风和水。在阳台种植水塔花时，一般将其置于离地 70cm 以上、日照和通风良好的地方。夏季应移至光线充足的阴凉处。

适宜翻盆期：叶片数量充实，植株健壮时可进行分株。

适合忙碌的人种植的植物

多肉植物
（芦荟、块根多肉）

分布：南非

生长缓慢，不需要频繁浇水，养护简单。每个品种都独具特色，种植时可充分发挥它们的魅力。一般将其置于日照和通风良好的温暖的地方。不喜欢过分湿润的环境，因此要等盆内完全干透再为其补水。寒冷季节需要断水，然后移入室内。

适宜翻盆期：无取暖的话，则在 4 月中旬以后，此时气温稳定，新芽萌发。

象牙玉（*Pachypodium eburneum*）

芦荟“不夜城”

玉簪
（圆叶玉簪等）

分布：日本、韩国、中国

圆叶玉簪和部分长柄玉簪与附生植物类似，耐旱，不小心忘记浇水也不必担心。玉簪品种繁多，叶子也很值得一看。一般将其置于日照和通风良好处，夏季则移至光线充足的背阴处。但在生出新芽，长出叶子前，如果水分不足会影响玉簪的生长，因此当表层土壤干燥时就应足量浇水。

适宜翻盆期：3 月、10 月。

圆叶玉簪“蒙塔娜（Montana）”

洋兰类
（石斛等）

分布：中国南部、印度、尼泊尔高海拔寒冷地带

洋兰类植物需要等盆内完全干透再为其补水，所以稍微少浇水，洋兰也不会立刻枯萎。生长期要让其接受充足日照，并补充水分和肥料，秋季停止施肥，减少补水，这样更容易让其生出花芽。一般将其置于离地 70cm 以上、日照和通风良好的温暖的地方。

适宜翻盆期：无取暖的话，则在 4 月中旬以后，此时气温稳定，新芽萌发。

石斛杂交品种

石斛杂交品种

Original Japanese title: NHK SYUMI NO ENGEI SAIBAI NO KOTSU GA WAKARU VERANDA GARDENING
Copyright © 2018 TANAKA Akira, NHK
Original Japanese edition published by NHK Publishing, Inc.
Simplified Chinese translation rights arranged with NHK Publishing, Inc. through The English Agency (Japan) Ltd. and Shanghai To-Asia Culture Co., Ltd.

本书由NHK出版授权机械工业出版社在中国境内（不包括香港、澳门特别行政区及台湾地区）出版与发行。未经许可之出口，视为违反著作权法，将受法律之制裁。

北京市版权局著作权合同登记　图字：01-2019-6627号。

图书在版编目（CIP）数据

阳台花园达人妙技 / 日本NHK出版编；袁蒙译. — 北京：机械工业出版社，2021.6
（NHK趣味园艺）
ISBN 978-7-111-67905-9

Ⅰ. ①阳… Ⅱ. ①日… ②袁… Ⅲ. ①阳台 – 观赏园艺 Ⅳ. ①S68

中国版本图书馆CIP数据核字（2021）第057966号

机械工业出版社（北京市百万庄大街22号　邮政编码100037）
策划编辑：于翠翠　　责任编辑：于翠翠
责任校对：李　伟　　封面设计：张　静
责任印制：李　昂
北京瑞禾彩色印刷有限公司印刷

2021年6月第1版第1次印刷
187mm × 260mm · 6印张 · 1插页 · 121千字
标准书号：ISBN 978-7-111-67905-9
定价：59.80元

电话服务
客服电话：010－88361066
010－88379833
010－68326294
封底无防伪标均为盗版

网络服务
机　工　官　网：www. cmpbook. com
机　工　官　博：weibo. com/cmp1952
金　书　网：www. golden-book. com
机工教育服务网：www. cmpedu. com

●审
田中哲
SOLSO（p.66~75）

●摄影
石塚定人（封面、p.2~5、p.66~75 及其他）
安部 mayumi（p.20~35 及其他）
原干和（p.36~41 及其他）

伊藤阳仁
伊藤善规
今井秀治
入江寿纪
大泉省吾
上林德宽
樱野良充
竹前朗
田中雅也
筒井雅之
德江彰彦
成清彻也
蛭田有一
福冈将之
福田稔
牧稔人
丸山滋
丸山光

●照片提供 · 摄影协助
田中哲
arsphoto
PIXTA
Saniberu
sekiguchi-dai 音之叶
东京农工大学农学部
东京港埠头株式会社
丰岛园
Flower Garden 泉
阳春园植物场
Exotic Plant
Flower Shop Lobelia
Andy & Williams Botanic Garden
梅寿园

●设计
尾崎行欧
粒木 mari 惠
斋藤亚美
（oi-ds）

●插图
小幡彩贵（封面、p.8~19）
Neri（p.46~65、p.70）

●校对
安藤千江
高桥尚树

● DTP 协助
Dolphin

●参考文献
《日本绣球花图鉴》
川原田邦彦 / 三上常夫 / 若林芳树 著
柏书房

《日本花名鉴④》
安藤敏夫 / 小笠原亮 / 长冈求 著
Aboc 出版社